Unterrichtspraxis

Biologie

Band 5

Bau und Lebensweise von Wirbeltieren

Teil 1: Fische, Amphibien und Reptilien

Autor:
Wolfgang Klemmstein

Herausgeber:
Harald Kähler

Bibliografische Information der Deutschen Nationalbibliothek
Die Deutsche Nationalbibliothek verzeichnet diese Publikation in der Deutschen Nationalbibliografie; detaillierte bibliografische Daten sind im Internet über *http://dnb.d-nb.de* abrufbar.

Unterrichtspraxis Biologie · **Reihenübersicht:**

1 Zellen · Bakterien · Viren
2 Bau und Lebensweise von Samenpflanzen*
3 Bau und Lebensweise von samenlosen Pflanzen*
4 Stoffwechsel bei Pflanzen*
5 Bau und Lebensweise von Wirbeltieren*
6 Bau und Lebensweise von Haustieren
7 Bau und Lebensweise von wirbellosen Tieren*
8 Stoffwechsel beim Menschen*
9 Sinnesorgane des Menschen*
10 Hormon- und Nervenphysiologie beim Menschen*
11 Menschliche Sexualität und Entwicklung*
12 Mensch und Gesundheit
13 Mensch und Umwelt
14 Grundlagen der Vererbungslehre
15 Grundlagen der Abstammungslehre*
16 Grundlagen der Verhaltenslehre*
17 Wechselbeziehungen im Lebensraum Wald*
18 Wechselbeziehungen im Lebensraum See*
19 Wechselbeziehungen im Lebensraum Moor*
20 Wechselbeziehungen im Lebensraum Boden*
21 Wechselbeziehungen im Lebensraum Fließgewässer*

* Bereits erschienen

Abkürzungen allgemein:

AMA	=	Arbeitsmittel für Arbeitsprojektion
AT	=	Farbfolie (in Medientasche)
D	=	Deutschland
f	=	farbig
L	=	Lehrer / Lehrerin
SuS	=	Schüler und Schülerinnen
UE	=	Unterrichtseinheit

Abkürzungen Zeitschriften:

BIUZ	=	Biologie in unserer Zeit
PdN-BioS	=	Praxis der Naturwissenschaften – Biologie in der Schule
Spektrum	=	Spektrum der Wissenschaften
UB	=	Unterricht Biologie

Best.-Nr. A 302789
© Alle Rechte bei Aulis Verlag in der Stark Verlagsgesellschaft, 2011
Umschlaggestaltung, Satz, Grafik: Eva M. Schwoerbel, Text & Form Kommunikation, Düsseldorf
Biologische Zeichnungen: Brigitte Karnath, Wiesbaden
ISBN 978-3-7614-2789-7

Titelfoto:
Goldkröte
Foto: © Charles H. Smith, U.S. Fish and Wildlife Service
http://commons.wikimedia.org/wiki/File:Bufo_periglenes1.jpg
Diese Datei ist gemeinfrei („public domain").

Der Verlag möchte an dieser Stelle für die freundliche Genehmigung zum Nachdruck von Copyright-Material danken. Trotz wiederholter Bemühungen ist es nicht in allen Fällen gelungen, Kontakte mit den Copyright-Inhabern herzustellen. Für diesbezügliche Hinweise wäre der Verlag dankbar.

Das vorliegende Werk wurde sorgfältig erarbeitet. Dennoch übernehmen Autoren, Herausgeber und Verlag für die Richtigkeit von Angaben, Hinweisen und Ratschlägen sowie für eventuelle Druckfehler keine Haftung. Das Werk und alle seine Bestandteile sind urheberrechtlich geschützt. Jede vollständige oder teilweise Vervielfältigung, Verbreitung und Veröffentlichung bedarf der ausdrücklichen Genehmigung des Verlages.

Inhalt

Vorwort 5

I. UE:	**Fische**	6
I.1	Sachinformationen	7
I.2	Informationen zur Unterrichtspraxis	10
I.2.1	Einstiegsmöglichkeiten	10
I.2.2	Erarbeitungsmöglichkeiten	10
	Material I./M 1: Der äußere Bau eines Fisches	14
	Material I./M 2: Flossentypen	15
	Material I./M 3: Die inneren Organe eines Fisches	16
	Material I./M 4: Die Haut der Fische	17
	Material I./M 5: Kiemenatmung	18
	Material I./M 6: Der Kreislauf der Fische	19
	Material I./M 7: Schwimmen	20
	Material I./M 8: Schwimmtypen	21
	Material I./M 9: Die Schwimmblase – 1	22
	Material I./M 10: Die Schwimmblase – 2	23
	Material I./M 11: Das Seitenlinienorgan	24
	Material I./M 12: Rätsel	25
I.2.3	Lösungshinweise zu den Aufgaben der Materialien	26
I.3	Medieninformationen	27
I.3.1	Audiovisuelle Medien	27
I.3.2	Zeitschriften	29
I.3.3	Bücher	30
II. UE:	**Amphibien**	31
II.1	Sachinformationen	32
II.2	Informationen zur Unterrichtspraxis	35
II.2.1	Einstiegsmöglichkeiten	35
II.2.2	Erarbeitungsmöglichkeiten	35
	Material II./M 1: Krötenwanderung	41
	Material II./M 2: Die Entwicklung der Frösche	42
	Material II./M 3: Doppelte Angepasstheit	43
	Material II./M 4: Amphibien erkennen und finden	44
	Material II./M 5: Laichformen	45
	Material II./M 6: Die Haut der Amphibien	46
	Material II./M 7: Springfrosch	47
	Material II./M 8: Laufmolch	48
	Material II./M 9: Der Frosch – innere Organe	49
	Material II./M 10: Mundhöhlen- und Lungenatmung	50
	Material II./M 11: Hautatmung bei Amphibien	51
	Material II./M 12: Atmungsorgan Haut	52
	Material II./M 13: Herz und Kreislauf des Frosches	53
	Material II./M 14: Ein besonderes Herz	54
	Material II./M 15: Rätselhafte Amphibien	55
II.2.3	Lösungshinweise zu den Aufgaben der Materialien	56
II.3	Medieninformationen	58
II.3.1	Audiovisuelle Medien	58
II.3.2	Zeitschriften	60
II.3.3	Bücher	61

Inhalt

III. UE:	**Reptilien**	62
III.1	Sachinformationen	63
III.2	Informationen zur Unterrichtspraxis	66
III.2.1	Einstiegsmöglichkeiten	66
III.2.2	Erarbeitungsmöglichkeiten	66
	Material III./M 1: Zauneidechse – ein typisches Reptil	69
	Material III./M 2: Die Haut – Grenzschicht zur Umgebung	70
	Material III./M 3: Temperatur-Regulation	71
	Material III./M 4: Reptilienkreislauf – 1	72
	Material III./M 5: Reptilienkreislauf – 2	73
	Material III./M 6: Kreislauf und Lebensweise	74
	Material III./M 7: Eidechse – Fortbewegung	75
	Material III./M 8: Schlangen – Fortbewegung 1	76
	Material III./M 8: Schlangen – Fortbewegung 2	77
	Material III./M 9: Einheimische Schlangen	78
	Material III./M 10: Die „modernen" Reptilien	79
III.2.3	Lösungshinweise zu den Aufgaben der Materialien	80
III.3	Medieninformationen	81
III.3.1	Audiovisuelle Medien	81
III.3.2	Zeitschriften	83
III.3.3	Bücher	83

Vorwort

Mit der Buchreihe **Unterrichtspraxis Biologie** sollen den Lehrerinnen und Lehrern Unterrichtshilfen für den Biologieunterricht in den Klassen 5 – 10 aller Schulformen gegeben werden. Diese Unterrichtshilfen verstehen sich als Anregung für die Planung und Durchführung eines zeitgemäßen Biologieunterrichts.

Jeder Band dieser Buchreihe impliziert mehrere Unterrichtseinheiten zu dem jeweiligen Themenbereich. Der vorliegende Band „Bau und Lebensweise von Wirbeltieren I: Fische, Amphibien, Reptilien" enthält drei Unterrichtseinheiten. Jeder Unterrichtseinheit werden Lernvoraussetzungen, ein Sequenzvorschlag inhaltlicher Schwerpunkte mit möglicher Zeitplanung sowie sachinformative Hinweise vorangestellt. Die Sachinformationen zielen auf sachanalytische Aspekte ab, die aus Gründen der Übersicht im Glossarstil aufgezeigt werden. Sie können und wollen jedoch kein Schülerbuch ersetzen.

Eine didaktische und methodische Akzentsetzung mit unterrichtlichen Hinweisen erfolgt in den **Informationen zur Unterrichtspraxis**. Sie bilden mit den dazugehörigen **MATERIALIEN** den Schwerpunkt einer jeden Unterrichtseinheit (UE). Dabei werden Lernschritte i. S. der Differenzierung alternativ angeboten. Die Strukturierung von Lernprozessen in Lernschritte erfolgt nach einem problemorientierten Ansatz i. S. naturwissenschaftlicher Erkenntnisgewinnung bei einem induktiv erarbeitenden Unterrichtsverfahren: *Beobachtung eines biologischen Phänomens* → *Problem* → *Bildung von Vermutungen* (Hypothesen) → *Falsifikation bzw. Verifikation der Vermutungen* → *Ergebnis* → *Vertiefung* und *Ausweitung* → *Erkenntnis*. Von den resultierenden unterrichtlichen Phasen (*Einstieg mit Problemsituation* → *Lösungsplanung* → *Erarbeitung* → *Ergebnis* → *Festigung*) sind nur **Einstiegs- und Erarbeitungsmöglichkeiten** angegeben. Durch diesen Verzicht auf Stundenbilder bleibt der Freiraum für die Kolleginnen und Kollegen erhalten. Die Lernschrittsequenz ist nur als Vorschlag i. S. einer Anregung zu verstehen. Sie soll in übersichtlicher Form die Vorbereitung und Durchführung von Unterricht erleichtern. Daher wurde auch aus zeitökonomischen Gründen auf didaktische und methodische Begründungen verzichtet.

Die Gliederung erfolgt übersichtlich in zwei Spalten: Die erste Spalte impliziert die Lernschritte, die zweite die zugehörigen Unterrichtsmittel. In der zweiten Spalte werden alle notwendigen Medien aufgeführt unter Integration der zugehörigen **MATERIALIEN** als Kopiervorlagen sowie der Medientasche. Die MATERIALIEN können als „materialgebundene AUFGABEN", „EXPERIMENTE" oder „MODELLE" konzipiert sein. Alle MATERIALIEN können jedoch unterrichtlich wie materialgebundene AUFGABEN verwendet werden. Die in der Kopfleiste angegebene Materialien-Form stellt die primär konzipierte dar, kann jedoch nach individuellem Ermessen auch verändert eingesetzt werden. Die materialgebundenen AUFGABEN stellen nicht nur eine Arbeitsunterlage im Unterricht dar, sondern können als Hausaufgabe, in Arbeitstests oder als Bestandteil von Klassenarbeiten verwendet werden. Durch Kombination von mehreren materialgebundenen Aufgaben lässt sich z. B. eine Klassenarbeit erstellen.

Die in der Medienspalte aufgeführten Filme und Diareihen werden in der Rubrik **Medieninformationen** in der Regel durch Annotationen, Kurzfassungen und unterrichtliche Anmerkungen detaillierter dargestellt. Dies gilt ebenso für empfohlene, vertiefende, leicht zugängliche Fachliteratur wie Zeitschriftenartikel und Bücher. In der beigefügten Medientasche befinden sich außerdem drei Farbfolien (AT).

Noch eine Bitte: Kein Autor, kein Herausgeber und kein Verlag sind gegen Fehler unterschiedlicher Art sowie gegen subjektive Betrachtung und Unzulänglichkeit gefeit. Daher bitten wir alle Benutzer von Unterrichtspraxis Biologie herzlich um Kritik; entsprechende Hinweise werden wir dankbar aufnehmen.

Der Umfang der Thematik machte eine Aufteilung des geplanten Bandes 5 in die Teilbände 5/I und 5/II erforderlich. Die drei Wirbeltiergruppen Fische, Amphibien und Reptilien sind dem Band 5/I zugeordnet, die beiden Wirbeltiergruppen Vögel und Säugetiere sowie der Knochenbau des Menschen dem Band 5/II.

Verlag *Dr. Harald Kähler (Herausgeber)*

I. Unterrichtseinheit: Fische

Lernvoraussetzungen:
Grundkenntnisse zu den Funktionen der inneren Organe des Menschen

Gliederung:
Die vorgeschlagene Unterrichtssequenz thematisiert in bewährter Form den Bau eines Fisches als eine Einheit. Denkbar ist aber auch, nach der Einstiegsbeobachtung zunächst nur die Behandlung des äußeren Baues vorzusehen und sofort die Fortbewegung anzuschließen. Eventuell fehlende Vorkenntnisse müsste L einbringen.

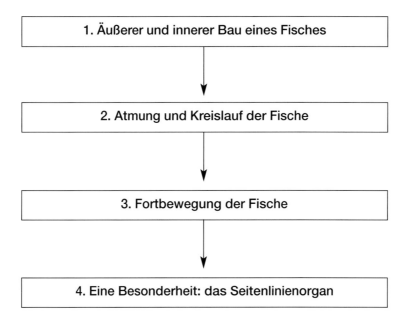

Zeitplanung:
Für diese Unterrichtseinheit sind ca. 6 bis 8 Unterrichtsstunden zu veranschlagen.

I.1 Sachinformationen

Allgemein: Fische

Merkmale: Als Fische werden landläufig alle wechselwarmen (poikilothermen), Flossen tragenden, wasserlebenden Wirbeltiere zusammengefasst, die meist Schuppen besitzen und durch Kiemen atmen. Als ursprüngliche Form darf ein stromliniengerechter spindelförmiger Körper angesehen werden, der allerdings bei rezenten Fischen in vielfältigster Weise modifiziert sein kann: rund, länglich gestreckt, dorsoventral oder seitlich abgeplattet u. a. Kennzeichnend ist auch eine Chorda dorsalis, meist als Vorläufer der Wirbelsäule, und eine in regelmäßige Muskelbündel (Myomere) gegliederte Körpermuskulatur.

Systematik: Die rezenten Fische kann man vereinfachend in drei Klassen einteilen:
I. Agnatha (Kieferlose): Hierzu gehören beispielsweise die Rundmäuler (Cyclostomata; Bsp. Neunauge Lampetra), die ein Saugmaul statt der Kiefer besitzen.
II. Chondrichthyes (Knorpelfische): Die Hauptvertreter dieser Gruppe sind Haie und Rochen (Elasmobranchier). Sie zeichnen sich durch ein sekundär knorpeliges Skelett aus. Auch ihre Placoidschuppen sind eine Besonderheit; sie werden mit den Zähnen der Landwirbeltiere homologisiert. Knorpelfische besitzen keine Schwimmblase und haben eine innere Befruchtung. Äußerlich klar erkennbar sind beispielsweise die Haie an ihrer ungleichmäßigen Schwanzflosse, deren Spitze furchterregend aus dem Wasser ragen kann, und den 5 bis 7 einzeln nach außen mündenden Kiemenspalten.
III. Osteichthyes (Knochenfische): Diese größte Gruppe der Fische, die allgegenwärtig ist und deshalb weitgehend die Vorstellung von einem Fisch prägt, besitzt ein knöchernes Skelett, das aus einem knorpeligen Vorläufer entsteht. Der Körper der meisten Arten ist von knöchernen Schuppen bedeckt. Knochenfische besitzen eine Schwimmblase und befruchten den Laich außerhalb des Körpers.

Evolutionsgeschichte

Der Ursprung der Fische liegt vor über 500 Mio. Jahren am Beginn des Paläozoikums und ist Teil der Formenexplosion im Kambrium. Es besteht Einigkeit, dass die Fische monophyletisch entstanden sind. Aus einem gemeinsamen Chordatenvorfahren entwickelten sich als Erstes die Kieferlosen (Agnatha). Die häufigsten fossilen Nachweise stammen mit einem Alter von 500–400 Mio. Jahren aus Ordovicium und Silur. Das folgende Devon (400–360 Mio. Jahre) gilt als „Zeitalter der Fische". Es wurde dominiert von der Vielfalt der anschließend ausgestorbenen Panzerfische (Placodermi), aber auch Knorpel- und Knochenfische zeigen im Devon eine starke Radiation, die sich bis ins Karbon fortsetzt. Ebenfalls treten Lungenfische (Dipnoi) und Quastenflosser (Crossopthergyii) in dieser Zeit auf. Die Teleostei ist erfolgreichste Gruppe der Knochenfische, die heute über 90 % aller geschätzten 30.000 Fischarten stellt, entstanden dagegen sehr spät. Nach der Abspaltung im Jura folgte eine enorme adaptive Radiation in der Kreidezeit (vor 150–100 Mio. Jahren). Heute besetzen Vertreter dieser Gruppe ökologische Nischen in nahezu allen marinen und limnischen Lebensräumen.

Fischpräparation

Untersuchung des Äußeren: Bei der Präparation eines Fisches im Unterricht wird zunächst das Äußere betrachtet. Spätestens jetzt, besser aber am lebenden Objekt, sollten die äußere Form, die Flossen und die Kiemendeckelbewegung thematisiert werden. Darüber hinaus wird die Haut betrachtet: Was spürt man, wenn man mit der Hand darüber streicht? Was spürt man, wenn man von vorn nach hinten und umgekehrt über die Haut fährt? Schließlich sollten die Schuppen näher betrachtet und separat gesammelt werden.

Untersuchung der Kiemenhöhle: Anschließend wird ein metallischer Sondenstab, behelfsweise ein stumpfer Bleistift, in das Maul des Fisches eingeführt und am Hinterkopf unter den Kiemendeckeln wieder heraus. Damit ist der Weg des Atemwassers nachvollzogen. Die Schüler/-innen prüfen die Beweglichkeit eines Kiemendeckels und präparieren ihn durch einen Schnitt nahe des Gelenks ab. Auch er wird separat gesammelt.
Die freiliegenden Kiemen werden nun betrachtet, beschrieben, herauspräpariert und gesammelt.

Untersuchung der Bauchhöhle: Die Öffnung des Bauchraums beginnt in der Afteröffnung, von der aus in der Bauchlinie die Haut, ohne die Eingeweide zu verletzen, bis zu den Brustflossen aufgeschnitten wird. Auch die folgenden Knochen des Schultergürtels werden durchtrennt und der Schnitt bis zur Unterkieferspitze fortgeführt. Ein zweiter Schnitt wird wieder im After angesetzt und so weit wie möglich in Richtung Wirbelsäule geführt. Ein dritter Schnitt setzt hinter der Brustflosse an und führt ebenfalls bis zur Wirbelsäule. An der Wirbelsäule entlang wird die Seite freipräpariert. Jetzt oder später wird der Bereich hinter der Kiemenhöhle freipräpariert, um Herz und Kopfniere zu sehen. Ist der Bauchraum freipräpariert, werden die inneren Organe des Fisches bestimmt, herauspräpariert und separat gesammelt.

Statt der separaten Sammlung der Organe können alternativ einzelne Organe (Herz, Schwimmblase, Kiemen) zur späteren Untersuchung in Petrischälchen in Wasser zurückgelegt werden.

Flossentypen und ihre Funktion

Fische besitzen normalerweise fünf verschiedene Flossenarten. Diese Flossen sind entweder einmal (unpaar) oder zweimal (paarig) vorhanden. Unpaar sind: 1. die Schwanzflosse. Sie erzeugt den hauptsächlichen Anteil an Schub/Vortrieb beim schnellen Schwimmen und kontrolliert auch die Fortbewegungsrichtung; 2. die Rückenflosse und 3. die Afterflosse. Beide spielen eine Rolle bei der Erhaltung des Gleichgewichts, der aufrechten Körperhaltung gegen seitliche Rollbewegungen. Paarig vorhanden sind: 1. die Brustflossen. Sie arbeiten als Ruder oder als Auftriebsflossen und kontrollieren Seitwärtsbewegungen und Drehbewegungen um die eigene Achse sowie Auf- und Abwärtsbewegungen. Mit ihren Brustflossen können manche Fische auch bremsen und rückwärts schwimmen. 2. die Bauchflossen. Diese haben ähnliche Funktionen wie die Brustflossen, tragen aber meist stärker zur Auf- und Abwärtsbewegung bei.

Haut

Die Fischhaut ist aufgebaut wie die Haut aller Wirbeltiere. Die oberste Schicht ist eine mehrschichtige, unverhornte Oberhaut (Epidermis). In die Epidermis eingelagert sind Drüsenzellen, die den Oberflächenschleim abgeben, der alle Knochenfische bedeckt. Dieser Schleim erleichtert das Schwimmen, verhindert aber den Befall durch Bakterien. In Sonderfällen enthalten die Sekrete auch Signalstoffe, wie sie beispielsweise die Elritzen als Alarmsignale bei einem Hecht-Angriff abgeben. Bei Lungenfischen, die sich in feuchten Boden eingraben, dient der Oberflächenschleim als Verdunstungsschutz in Trockenperioden. Als Spezialisierungen der Epidermis sind auch die Barteln benthischer Fische anzusehen, die mit ihren Geschmacksknospen dazu dienen, Nahrung aufzuspüren.

Die nachfolgende Lederhaut (Dermis) besteht hauptsächlich aus Kollagen, das in der oberen Schicht lockerer, in der unteren dichter gepackt ist. In der Nähe der Epidermis liegen Pigmentzellen in der Dermis, die die Färbung der Fische bestimmen. Die Farbenvielfalt der Fische wird dabei von schwarzen, braunen, rötlichen, gelben und weiß-silbrigen Pigmentzellen erzeugt. In die obere lockere Kollagenschicht der Dermis sind die Schuppen eingelagert. Sie liegen jeweils in einer Schuppentasche und überlagern sich dachziegelartig. Die folgende Subkutis (Unterhaut) besteht neben einigen Blutgefäßen und Nervenfasern ausschließlich aus Fettzellen zur Wärmeisolierung der nachfolgenden Muskulatur, da die Wärmeabgabe im Wasser um ein Vielfaches höher ist als an der Luft.

Herz und Kreislauf

Das Herz der Knochenfische liegt bauchseitig (ventral) vorne, dicht hinter den Kiemen, außerhalb der Bauchhöhle. Es gliedert sich in zwei Abschnitte: die Vorkammer (Atrium) und die Herzkammer (Ventrikel). Die Teile des Herzens sind S-förmig angeordnet, sodass der Vorhof etwas vor und über der Herzkammer liegt. Ebenfalls zum Herzen rechnet man meist noch die zu- und abführenden Gefäßbereiche Sinus venosus und Conus (Bulbus) arteriosus. Das Herz führt rein sauerstoffarmes Blut. Es sammelt das venöse Blut aus dem Körper im Sinus venosus und dem Atrium, die dazu dünnwandig-dehnbar sind. Anschließend wird das Blut durch die Herzkammer und den Conus arteriosus, die beide dickwandig-muskulös gebaut sind, zu den Kiemen gepumpt. Dazu läuft eine Kontraktionswelle von hinten nach vorn über die vier Bereiche des Herzens. Klappen im Innern des Herzens verhindern den Rückfluss des Blutes.

Die Fische besitzen einen einfachen geschlossenen Kreislauf, durch den Kopf und Körper mit rein sauerstoffreichem Blut versorgt werden. Das Blut wird, nachdem es das Herz durch den ventral gelegenen Arterienstamm verlassen hat, in die Kiemengefäße und weiter in das Kapillarsystem der Kiemen geleitet. Hier wird das Blut mit Sauerstoff angereichert. Die dorsalen Kiemenarterien vereinigen sich, nachdem die Kopfarterien (Carotiden) abgezweigt sind, zur Aorta descendens (Dorsalaorta), die den Körper versorgt. Der Rückfluss des Blutes zum Herzen erfolgt vom Kopf über zwei vordere Cardinalvenen (auch Jugularvenen), die sich mit den beiden aus dem Körper kommenden hinteren Cardinalvenen vereinigen und das venöse Blut dem Sinus venosus zuführen. Hier mündet auch die Vena abdominalis ein, die das Blut aus den inneren Organen (Darm, Leber) zurückführt.

Kiemenatmung

Die Kiemen der Knochenfische liegen geschützt in der Kiemenhöhle, die von einem Kiemendeckel nach außen abgeschlossen ist. Die Kiemenhöhle ist nach vorne zur Mundhöhle hin offen. Am Übergang erstrecken sich dorsoventral die Kiemenbögen, die aus Knochen- und Knorpelgewebe bestehen und deshalb recht stabil sind. In die Kiemenhöhle hineinragend, setzen an den Kiemenbögen zwei Reihen von Kiemenblättchen an. Sie enthalten einen zentralen Knorpelstab und Muskelgewebe, durch dessen Kontraktion die Spitzen der Kiemenblättchen von benachbarten Kiemenbögen aneinandergelegt werden können. Bei manchen Fischarten sind diese Spitzen sogar miteinander verwachsen. Auf diese Weise kann kein Wasser zwischen den Kiemenbögen durchströmen, sondern muss die Kiemenblättchen immer quer passieren. Auf diesen sitzen beidseitig dünne Kiemenlamellen, die gehäuft Kapillargefäße enthalten und der Ort des Gasaustauschs sind.

Dazu wird vom Herzen über die Arteria branchialis sauerstoffarmes und kohlendioxidreiches Blut in das Kapillarnetz der Kiemenlamellen geleitet. Hier kommt es in Kontakt mit dem sauerstoffreichen Wasser, das aus der Mundhöhle in die Kiemenhöhle strömt. Entsprechend der Konzentrationsverhältnisse wird Kohlenstoffdioxid ans Wasser abgegeben und Sauerstoff tritt ins Blut über. Durch die abführende Arterie wird das sauerstoffreiche Blut zur Versorgung des Körpers weitergeleitet.

Um eine hohe Effektivität der Sauerstoffdiffusion zu erreichen, erfolgt der Gaswechsel im Gegenstromverfahren. Dabei ist die Fließrichtung des Wassers dem Blutfluss in den Kiemenlamellen entgegengerichtet.

Auf diese Weise kann auf der gesamten Kontaktstrecke ein Gasaustausch stattfinden, weil immer ein Konzentrationsgefälle bestehen bleibt. Betrachtet man nur die beiden Endpunkte, so kommt schon stark sauerstoffangereichertes Blut in Kontakt mit Wasser, das noch keinen Sauerstoff abgegeben hat; Wasser, dem schon viel Sauerstoff entzogen wurde, trifft am Ende der Diffusionsstrecke auf sehr sauerstoffarmes Blut, das direkt vom Herzen kommt. Die Effektivität liegt bei 90 % Anreicherung des Blutes in Relation zum Wassersauerstoff; bei einer parallelen Anordnung der Lamellenkapillaren zum Wasserfluss könnten maximal 50 % erreicht werden.

Damit die Atmung kontinuierlich ablaufen kann, muss das Wasser über den Kiemen laufend erneuert werden. Diese Ventilation wird bei den meisten Fischen durch zwei zusammenarbeitende Pumpsysteme geleistet: die Mundhöhlen- und die Kiemenhöhlenpumpe. Zunächst wird das Volumen der Mundhöhle vergrößert, indem der Mundhöhlenboden gesenkt wird. Durch den entstehenden Sog strömt Wasser in die Mundhöhle ein. Wird der Unterkiefer bei geschlossenem Maul wieder kontrahiert, drückt dies das Wasser aus der Mundhöhle über die Kiemen in die Kiemenhöhle. Gleichzeitig expandiert die Kiemenhöhle bei geschlossenem Kiemendeckel und erzeugt einen unterstützenden Sog. Durch die Kontraktion der Kiemenhöhle bei geöffnetem Kiemendeckel wird das verbrauchte Wasser herausgedrückt.

Pelagische Hochleistungsschwimmer wie beispielsweise die Thunfische ventilieren ihre Kiemen einfacher. Sie halten während des Schwimmens das Maul ständig geöffnet, wodurch das Wasser kontinuierlich über die Kiemen strömt (Staudruckventilation). Ihre Kiemendeckel sind nicht beweglich und sie sind gezwungen, immer in Bewegung zu bleiben.

Viele Fische kombinieren beide Formen der Ventilation. In Ruhe oder bei langsamer Bewegung zeigen sie Atembewegungen, bei höherer Geschwindigkeit benutzen sie die energetisch ökonomischere Staudruckventilation.

Körperform und Fortbewegung

Die meisten Fische besitzen einen typischen spindelförmigen Körper, der zudem seitlich abgeflacht ist. Der spitz zulaufende Kopf verringert dabei während der Vorwärtsbewegung den Wasserwiderstand (Profilwiderstand) und erleichtert das Schwimmen. Der restliche Körper, der nach hinten ebenfalls abnimmt, minimiert zusätzlich den Reibungswiderstand an der Körperoberfläche. Diese typische Fischform mit einem dünnen Schwanzstiel besitzen alle leistungsstarken Schwimmer unter den Fischen. Abweichungen von dieser Körperform sind mit einem Verzicht auf Schnelligkeit beim Beutefang oder bei der Flucht verbunden. Trotzdem gibt es eine Fülle von anderen Körperformen als Anpassungen an die verschiedensten Lebensräume und -weisen. Einen langgestreckten Körper, der im vorderen Bereich eher rund, nach hinten aber zunehmend lateral abgeflacht ist und durch einen Flossensaum vergrößert wird, besitzen beispielsweise die Aale. Auch sie können sich schnell fortbewegen, weil der ganze Körper durch Wellenbewegungen Vortrieb erzeugt. Der sonst starke Schub durch den Schwanz wird dadurch wettgemacht. Das aktive Schwimmen haben praktisch alle Fische aufgegeben, die eine tendenziell runde Form besitzen, wie Kugelfisch (Tetraodontiden) und Igelfisch (Diodontiden). Sie treiben nur noch passiv in der Strömung, wobei sie aber wohlgerüstet sind. Kugelfische haben Dornen oder Stacheln und sie können Wasser und Luft schlucken, um sich wie ein Ballon aufzublasen und durch die Größe geschützt zu sein. Die ebenfalls meist passiv treibenden Mondfische (Moliden) sind lateral abgeflacht und werden bis zu 2,5 m groß. Sie sind zusätzlich durch eine 5–8 cm dicke, harte Knorpelschicht gepanzert und wiegen bis zu einer Tonne. Andere seitlich abgeflachte Fische wie die Schollenartigen sind dagegen gute Schnellstarter aus ihrer Tarnung im Gewässerboden. Dorso-ventral abgeflacht sind die Rochen, die mit ihren seitlich vergrößerten Flossen ständig durch das Wasser fliegen. Ein besonderer Fall sind die Seepferdchen, deren Körperform zur Tarnung völlig aufgelöst ist. Der Schwanz ist umgewandelt und dient zum Festhalten an Wasserpflanzen. Zum Schwimmen wird die propellerartige Bewegung der Rückenflosse genutzt.

Muskulatur

Die Muskulatur der Knochenfische erstreckt sich zu beiden Seiten des Körpers hinter dem Kopf beginnend bis zur Schwanzwurzel. Die Muskelmasse ist durch bindegewebeartige Scheidewände (Myosepten) segmental in Myomere gegliedert. Die Myomere verlaufen W-förmig vom Rücken zur Bauchseite. Im Querschnitt zeigt sich, dass eine dünne oberflächliche Schicht den Hauptteil der Myomere überzieht. Die Zellen dieser „roten Muskulatur" sind reich mit Mitochondrien bestückt und gut durch Blutgefäße mit Myoglobin und damit Sauerstoff versorgt. Die darunter liegende, größere „weiße" Muskelmasse enthält wenig Myoglobin, ihre Zellen besitzen nur wenige Mitochondrien. Beide Gewebe beschreiten ganz unterschiedliche Stoffwechselwege der Energieumwandlung. Während die rote Muskulatur ihre Energie aerob aus dem Abbau hauptsächlich von Lipiden (Fetten) freisetzt, betreibt die weiße Muskulatur zu diesem Zweck Milchsäuregärung mit einer sehr geringen Energieausbeute. Untersuchungen haben ergeben, dass die rote Muskulatur aktiv ist, wenn ein Fisch langsam, aber andauernd schwimmt. Dagegen ist die weiße Muskulatur verantwortlich für schnelles kraftvolles, aber kurzfristiges Beschleunigen. Die Fische besitzen also zwei unterschiedliche Antriebssysteme in ihrer Muskulatur. Klar ist hierbei, dass kraftvolle Stöße energetisch gesehen sehr teuer sind. Dies erklärt, dass die Fische nach kürzester Zeit wieder zum normalen Schwimmverhalten übergehen. Andererseits führt die andauernde Verbrennung von Kohlenhydraten und Fetten in der roten Muskulatur zwangsläufig zu einer kontinuierlichen Wärmeproduktion, die bei dauerhaften Schwimmern wie den Thunfischen die Kern-Körpertemperatur konstant hält.

Schwimmblase

Viele Knochenfische besitzen eine Schwimmblase, um ihre Dichte der des Wassers anzugleichen. So können sie in beliebiger Tiefe ohne Kraftaufwand schweben. Bodenlebende Fische besitzen keine Schwimmblase, sie sind deshalb schwerer als Wasser. Bewegt sich ein Fisch in vertikaler Richtung, verringert sich aufwärts der Druck und die Schwimmblase vergrößert sich, der Fisch wird spezifisch leichter und steigt auf. Abwärts wird sie durch den stärkeren Druck komprimiert. Der Fisch hat eine höhere Dichte, er ist spezifisch schwerer und sinkt ab. Um wiederum in einer bestimmten Tiefe schwebend zu verbleiben, muss der Fisch die Schwimmblase entleeren (aufwärts) oder füllen (abwärts), um das Volumen zu regulieren. Die Elritze gehört zu den Fischen, die einen Luftgang besitzen. Eine solche direkte Verbindung der Schwimmblase nach außen findet man auch bei der Schleie, dem Hecht oder der Forelle. Sie alle können Luft schlucken, um ihre Schwimmblase mit Luft zu füllen, oder Luft in Form von Bläschen abgeben, um das Volumen der Schwimmblase zu verringern.

Viele Fische, wie der Stichling oder der Barsch, besitzen aber keine solche Verbindung. Diese Fische füllen die Schwimmblase mit Gasen aus dem Blut (Sekretion) und nehmen überschüssige Gase ebenfalls ins Blut auf (Resorption), wenn sie in verschiedenen Höhen schweben.

Die Schwimmblase besitzt dazu zwei Gasdrüsen:
- das Oval, eine Ausbuchtung der Schwimmblase, deren dünne Haut besonders gut durchblutet ist. Das Oval ist von einem ringförmigen Muskel umgeben, durch den die Größe der Austauschfläche verringert oder vergrößert werden kann. Das Oval dient der Resorption, entfernt also Gas aus der Schwimmblase.
- den Roten Körper. Dieser enthält ein dichtes Gespinst aus arteriellen und venösen Kapillaren, ein so genanntes „Wundernetz" (Rete mirabilis), das Gas (hauptsächlich Sauerstoff) aus dem Blut in die Schwimmblase diffundieren lässt. Oft geschieht dies gegen einen enormen Druck und benötigt deshalb eine sehr hohe Konzentration an Sauerstoff in den abgebenden Gefäßen, die nach dem Gegenstrom-Prinzip durch Rückresorption aus den venösen in die arteriellen Gefäße erreicht wird.

Evolutionsgeschichtlich geht man heute davon aus, dass sich die Schwimmblasen im Laufe der Evolution in der Entwicklungslinie der Knochenfische aus primitiven Lungen entwickelt haben. In der Linie der Knorpelfische (Haie, Rochen) sind die Lungen früh verschwunden. Folgerichtig besitzen diese auch keine Schwimmblasen.

I. UE: Fische

Schwimmen

Bei Fischen findet man zwei unterschiedliche Arten der Fortbewegung im Wasser, die auch kombiniert sein können. Zum einen ist dies das *Schwimmen durch Kontraktion der Rumpf- und Schwanzmuskulatur*. Hierbei laufen zeitversetzt Kontraktionswellen von vorn nach hinten über beide Körperseiten, wodurch eine S-förmige Bewegung des Körpers erzeugt wird. Der größte Teil der Körperpartien übt dabei einen seitlich-rückwärts gerichteten Druck gegen das umgebende Wasser aus und bewirkt den Vortrieb. Der auf das Wasser ausgeübten Muskelkraft wirkt eine gleich große Reaktionskraft seitlich-vorwärts entgegen. Diese Reaktionskraft lässt sich nach dem Kräfteparallelogramm in zwei Komponenten zerlegen: die seitlich gerichtete Seitkraft und die vorwärts gerichtete Vortriebskraft. Nur der Vortrieb trägt zur Vorwärtsbewegung bei, für die Seitkraft geht Energie verloren.

Die über den Körper laufenden Wellen bekommen zum Körperende hin eine immer größere Auslenkung und die Wellen werden von vorn nach hinten immer schneller. Deshalb wird mit dem Schwanz und mit der Schwanzflosse ein größerer Vortrieb erzeugt als mit dem Vorderkörper. Im Schwanzbereich ist deshalb auch der Energieaufwand für die Seitkraft größer. Der Reibungswiderstand der Oberfläche nimmt durch die Wellenbewegung des Körpers ebenfalls im hinteren Bereich zu. Eine Verringerung der Oberfläche, also die Verjüngung des Schwanzes zum Schwanzstiel, reduziert den Energieverlust durch die Seitkraft und verringert gleichzeitig den Reibungswiderstand. Einen ausgeprägten Schwanzstiel und länglich-schmale Schwanzflosse findet man deshalb bei Fischen, die kraftvoll und gleichmäßig ausdauernd schwimmen und für die deshalb der Reibungswiderstand des Wassers das Hauptproblem darstellt.

Dagegen sollten Fische, die stoßartig beschleunigen, insgesamt und besonders im hinteren Teil einen großflächigen Körper besitzen. Hierzu können auch Flossen beitragen. Über die große Fläche kann ein großer Vortrieb erzeugt werden. Das Problem bei einer schnellen Beschleunigung liegt in der Trägheit der Körpermasse, die aus dem Stand überwunden werden muss. Günstig ist für diese Fische, wenn möglichst viel Körpermasse aus Muskulatur besteht, die zur Krafterzeugung beiträgt. Auch sollte der Körper biegsam sein, um eine starke Krümmung bzw. einen weiten Ausschlag und damit einen großen Vortrieb zu erzeugen.

Das Schwimmen mit der Körpermuskulatur als Antrieb findet man bei der Mehrheit der Fische. Es wird von der Forschung als ursprünglich angesehen.

Daneben gibt es aber auch das *Schwimmen durch Flossenbewegungen*. Obwohl Flossen meist eine fächerartige oszillierende Bewegung zeigen, gibt es eine große Variationsbreite bis hin zur ondulierenden Wellenbewegung. Ihre Aufgabe ist in jedem Fall das langsame und präzise Manövrieren. Die paarigen Flossen der Fische können nach dem Ruderprinzip arbeiten. Sie erzeugen dann, aufgestellt und entgegen der Schwimmrichtung bewegt, einen Schub, der den Fisch vorwärts treibt. Damit in der Rückholphase die Bremswirkung verringert wird, werden die Flossen zusammengeklappt und parallel zur Wasserströmung rückwärts geführt. Die Größe des Schubs hängt von der Fläche und der Schlaggeschwindigkeit ab. Da der äußere Teil der Flosse einen weiteren Weg zurücklegt als die Basis, trägt er zum Schub am meisten bei. Deshalb ist eine optimale Flosse dreieckig, mit einer Ecke seitlich am Körper ansetzend, also an der Basis verjüngt. Wie ein Flügel arbeiten dagegen die Auftriebsflossen. Auch sie sind paarig vorhanden, schlagen wie ein Vogelflügel auf und ab und erzeugen dabei Auftrieb. Mit Auftriebsflossen können Fische sich vertikal bewegen, während Ruderflossen nur zur horizontalen Fortbewegung geeignet sind. Auftriebsflossen sind an der Spitze und an der Basis verjüngt, um den Widerstand zu verringern. Unpaarige Flossen wie Rücken-, Schwanz- und Afterflossen können ganz oder teilweise zu einem Flossensaum verwachsen sein, der durch Ondulation eine langsame Fortbewegung ermöglicht.

Sinnesorgane

Gesichtssinn: Die Fische besitzen paarige Augen. Die meisten Fische haben recht große Augen mit fast kugelförmigen Linsen. Diese besitzen eine hohe Brechkraft, weil der Abstand zwischen Linse und Netzhaut (Retina) beim normal nah akkomodiert eingestellten Fischauge groß sein muss. Zur optimalen Lichtausnutzung besitzen Fische hinter der Retina eine reflektierende Schicht, das Tapetum lucidum. Das Tapetum wirft die Lichtstrahlen nach dem Passieren der Netzhaut noch einmal auf diese zurück. Wird das Auge angestrahlt, leuchtet es wie ein Katzenauge.

Gleichgewichtssinn: Die Fische besitzen ein Gleichgewichtsorgan mit drei Bogengängen zur Bestimmung der Lage im Raum.

Gehörsinn: Fische besitzen keine äußeren Ohren, können aber trotzdem hören. Die Wahrnehmung von Schallwellen geschieht auf vielfältige Weise, meist aber durch eine Verbindung, die zwischen der Schwimmblase und dem Innenohr hergestellt wird. Viele Fischarten besitzen den so genannten Weber'schen Apparat, um die Volumenveränderungen der Schwimmblase (als Ersatz für das Trommelfell) durch den Schall zu registrieren. Die drei Weber'schen Knöchelchen liegen zu beiden Seiten entlang der Wirbelsäule und leiten die Schwingungen ähnlich wie die Ohrknöchelchen im Säugerohr. Sie sind aber nicht mit diesen homolog. Die auf die Endolymphe des Innenohrs übertragenen Schwingungen reizen wiederum die Sinneshaare im Hörorgan, beispielsweise bei den Karpfen-, den Wels- und den Lachsartigen. Guten Gehörsinn findet man meist bei Arten, die auch selbst Laute erzeugen. Die Lauterzeugung ist vielfältig, bei vielen Arten ist aber ebenfalls die Schwimmblase beteiligt. Sie wird durch spezielle Muskeln in Schwingungen versetzt. Lauterzeugung findet man nur bei Männchen, was auf eine Funktion beim Paarungsverhalten hinweist.

Geschmackssinn: Der Geschmackssinn ist bei Fischen auf Geschmacksbecher in der Mundhöhle und Geschmacksknospen an den Lippen, Barteln und Kiemen konzentriert. Häufig ist er auch mit der Tastfunktion gekoppelt.

Geruchssinn: Der olfaktorische Sinn ist bei den Fischen hoch entwickelt. Das Riechvermögen für gelöste Stoffe ermöglicht beispielsweise solche Leistungen wie die Orientierung der Aale und Lachse auf ihren Laichwanderungen. Bei der Nahrungssuche, beim Paarungs- und sonstigen Sozialverhalten, aber auch bei der Wahrnehmung von Raubfeinden spielt der Geruchssinn eine zentrale Rolle.

Die Nasen liegen beidseitig auf der vorderen Kopfoberseite. Sichtbar ist jeweils eine vordere und eine hintere Nasenöffnung, die Ein- und Ausströmöffnung für das Wasser sind, das die offene Sinnesgrube durchströmt. Das Sinnesepithel, das den Boden der Riechgrube bildet, ist stark aufgefaltet und dadurch in der Fläche vergrößert und in der Leistung gesteigert. Die Zellen der Riechschleimhaut sind über den Riechnerv direkt mit dem Gehirn verbunden.

Besondere Sinne: Fische und einige Amphibien mit aquatischer Lebensweise besitzen die Fähigkeit, Wasserströme und Unterschiede im Wasserdruck wahrzunehmen. Fische sind also in der Lage, Turbulenzen und Wasserströmungen zu registrieren, auch wenn sie von anderen Tieren, der Beute, Artgenossen im Schwarm oder Raubfeinden ausgehen. Ebenso nehmen sie die von der Eigenbewegung ausgehenden Echo-Wellen wahr, sodass eine Orientierung sogar in trübem Wasser und im Dunklen möglich ist.

Sie besitzen dazu ein „Stau-Druck-Sinnesorgan", das *Seitenlinienorgan*. Da dieser Strömungssinn „Druck" wahrnimmt, spricht man auch von einem „Ferntastsinn". Das Seitenlinienorgan besteht aus in die Haut versenkten Kanälen, die nur über porenartige Öffnungen mit dem Außenwasser verbunden sind. Die Seitenlinienkanäle verlaufen längs der Körperseiten und bilden ein kompliziert verzweigtes Netz im Kopfbereich. Bei den Knochenfischen liegt der Seitenkanal unter einer Schuppenreihe und die nach außen tretenden Poren durchbohren jeweils eine Schuppe. Die Seitenlinienkanäle sind mit einer schleimigen Flüssigkeit gefüllt. Hier hinein ragen so genannte Neuromasten, die mehrere Sinneszellen enthalten. Deren Sinneshärchen sind in einen länglichen Gallertkegel eingebettet und werden bei einer Bewegung (der Flüssigkeit im Seitenlinienkanal durch eine Welle von außen) abgeknickt, was als Impuls zum Gehirn geleitet wird. Bau und Funktion der Rezeptoren des Seitenliniensystems, der Neuroblasten, weisen große Ähnlichkeit mit den Rezeptoren im Innenohr auf.

I. UE: Fische

I.2 Informationen zur Unterrichtspraxis

I.2.1 Einstiegsmöglichkeiten

Einstiegsmöglichkeiten	Medien
***Unterrichtliche Anmerkung**: Der Einstieg in die Unterrichtseinheit sollte in jedem Fall vom lebenden Objekt ausgehen. Sollte kein Aquarium zur Verfügung stehen und ein Unterrichtsgang nicht möglich sein, müsste ein geeigneter Film eingesetzt werden, um zu gewährleisten, dass die Beobachtung Bezugspunkt und Korrektiv der Erarbeitung im Unterricht ist.*	
A.: Beobachtung von Fischen im Aquarium	
■ Die SuS beobachten lebende Fische im Schulaquarium. ■ L stellt Beobachtungsaufgaben zur äußeren Form, Flossen (Anzahl, Sitz am Körper, Aufgaben).	■ Schulaquarium
B.: Beobachtung von Fischen im Film	
■ Die SuS sehen einen Film, der Fische in ihrem Lebensraum zeigt. ■ L wie unter A	■ Film, beispielsweise FWU-VHS-Video 4200266: Die Bachforelle. Länge 9 Min. (Ausschnitt über Bewegung der Tiere im Wasser)

I.2.2 Erarbeitungsmöglichkeiten

Erarbeitungsschritte	Medien
A./B.: 1. Äußerer und innerer Bau der Fische	
■ L lässt zunächst die SuS von ihren Beobachtungen berichten. L sollte das Unterrichtsgespräch insbesondere auf die äußere Form (spindelförmig, strömungsgünstig) lenken. Eine spontane SuS-Skizze kann die Beobachtungsfähigkeit demonstrieren. ■ Anschließend gibt L Material I./M 1 aus, um die Ergebnisse zu systematisieren. Die SuS bearbeiten das Arbeitsblatt in Partnerarbeit. ▶ **Problem:** Die Flossen eines Fisches ■ Nach der Erarbeitungsphase trägt L als Moderator die Ergebnisse zusammen. Hierbei kann das Arbeitsmaterial als zu beschriftende Folie genutzt werden. ■ Zur Vertiefung erhalten die SuS in der nächsten Stunde Material I./M 2. Sie kleben den Fischrumpf ins Heft und ergänzen die Flossen. In Partnerarbeit füllen sie anschließend die Tabelle aus. ▶ **Problem:** Flossentypen und ihre Funktion ■ L kontrolliert während der Arbeit die Richtigkeit der eingeklebten Bilder. Anschließend werden die Tabellen verglichen.	■ keine ■ eventuell Tafel ■ Material I./M 1 (materialgebundene Aufgabe): Der äußere Bau eines Fisches ■ Material I./M 1 als Folienkopie ■ Material I./M 2 (materialgebundene Aufgabe): Flossentypen ■ Zur Kontrolle der richtigen Beobachtung und Beschreibung der Flossenfunktion kann ein Film dienen (vgl. oben).

- L erläutert die Vorgehensweise bei einer Fisch-Präparation (vgl. Sachinformationen). Entsprechend dieser Vorgaben wird das Vorgehen aller SuS durch L synchronisiert. Die gefundenen Organe werden von L benannt. Zur Orientierung kann die Abbildung auf Material I./M 3 als Folie dienen, allerdings ohne Beschriftungskästchen.

▶ **Problem:** Präparation eines Fisches

- Die SuS protokollieren ihre Beobachtungen während der Präparation im Biologieheft.

- Zur Nachbereitung im Unterricht oder als Hausaufgabe erhalten die SuS Material I./M 3 als Arbeitsblatt.

■ frische Fische (Heringe, Plötze o. Ä.)	
■ Abbildung aus Material I./M 3 als Folienkopie	
■ Material I./M 3 (materialgebundene Aufgabe): Die inneren Organe eines Fisches	

- L fragt nach der Beschaffenheit der Fischhaut (glitschig). Die SuS setzen die Beschaffenheit in Bezug zu Lebensraum und Fortbewegung (Verringerung des Reibungswiderstands). Zur Besprechung des Aufbaus der Fischhaut teilt L Material I./M 4 aus.

▶ **Problem:** Aufbau der Fischhaut

- Die SuS bearbeiten das Arbeitsblatt: Teilaufgabe a) in Partnerarbeit; Teilaufgaben b) bis d) einzeln in Stillarbeit im Biologieheft.

- Zur Besprechung der Ergebnisse legt L das Arbeitsblatt als Folienkopie auf; die SuS beschriften. Die übrigen Lösungen werden im Unterrichtsgespräch abgerufen.

■ keine

■ Material I./M 4 (materialgebundene Aufgabe): Die Haut der Fische

■ Material I./M 4 als Folienkopie

A./B.: 2. Atmung und Kreislauf der Fische

- L erinnert die SuS an die Präparation: Man konnte einen Stab vom Maul aus unter dem Kiemendeckel hindurchstecken. Den SuS wird bewusst, dass Mundhöhle und Kiemenhöhle in Verbindung stehen und beim Schwimmen normalerweise Wasser diesen Weg nimmt.

▶ **Problem:** Kiemenatmung der Fische

- Zur Erarbeitung der Kiemenatmung bei Fischen erhalten die SuS Material I./M 5 zur Erledigung in Partnerarbeit. Teilaufgabe d) erledigen die SuS einzeln, eventuell als Hausaufgabe. Anschließend präsentieren einige SuS ihre Lösungen auf dem Arbeitsprojektor bzw. lesen sie vor.

- L leitet über von der Kiemenfunktion (Gasaustausch) auf die Verteilung der Gase im Körper.

▶ **Problem:** Kreislauf der Fische

- Die SuS erhalten Material I./M 6 als Arbeitsblatt und bearbeiten es in Einzelarbeit. Einige SuS stellen ihre Ergebnisse am Arbeitsprojektor vor.

■ keine

■ Material I./M 5 (materialgebundene Aufgabe): Kiemenatmung

■ Arbeitsprojektor, Material I./M 5 als Folienkopie

■ keine

■ Material I./M 6 (materialgebundene Aufgabe): Der Kreislauf der Fische

■ Material I./M 6 als Folienkopie

I. UE: Fische

A./B.: 3. Fortbewegung der Fische	
Unterrichtliche Anmerkung: *Vor der Erarbeitung des Schwimmens sollte auf die Beobachtung zurückgegriffen werden. Jetzt bietet sich dafür ein Film an, der nur in relevanten Ausschnitten gezeigt werden sollte.*	
■ L zeigt Fische beim Schwimmen und fordert die SuS auf, genau zu beobachten, wie sich der Fischkörper während des Schwimmens bewegt. ▶ **Problem:** Schwimmen bei Fischen ■ L teilt Material I./M 7 aus. Die SuS formulieren zunächst jeder für sich eine Antwort auf die Beobachtungsaufgabe (Teilaufgabe a). ■ Im Unterrichtsgespräch werden die Formulierungen präsentiert und diskutiert. ■ Anschließend bearbeiten die SuS die weiteren Aufgabenstellungen mit einem Partner oder als Hausaufgaben.	■ beispielsweise Film FWU-VHS-Video 4200266: Die Bachforelle. Länge 9 Min., in Ausschnitten (auch auf Online-DVD 5500522 Süßwasserfische) ■ Material I./M 7 (materialgebundene Aufgabe): Schwimmen ■ Zur Zusammenfassung und Vertiefung sehen die SuS den Film FWU-Film 3203485: Fische – Fortbewegung durch Schwimmen. Länge 10 Min., f
■ L erinnert daran, dass Fische (Aquarium) unterschiedliche Körperformen und Schwimmfähigkeiten besitzen. ▶ **Problem:** Schwimmtypen (Körperform, Schwimmfähigkeit und Lebensraum) ■ Die SuS erhalten zur Erarbeitung der Problematik Material I./M 8 als Arbeitsblatt, das sie in Kleingruppen bearbeiten. ■ Je eine Kleingruppe stellt ihre Lösung zu einer Teilaufgabe dem Plenum vor. ■ Zum Abschluss zeigt L einen Film, der verschiedene Schwimmtypen darstellt.	■ keine ■ Material I./M 8 (materialgebundene Aufgabe): Schwimmtypen ■ FWU-Film 3293486: Fische – verschiedene Schwimmtypen. Länge 12 Min., f oder Sequenz 3. Fortbewegung aus Online-DVD 5550647 oder DVD 4641494
■ L stellt die Frage, wieso Fische im Wasser schweben können. Im offenen Unterrichtsgespräch stellen die SuS Vermutungen an. ▶ **Problem:** Schweben im Wasser – die Schwimmblase der Fische ■ Die SuS bearbeiten die Problematik als Aufgabenrallye: An vier Stationen liegen Aufgaben bereit, die es zu lösen gilt. Die SuS bilden Kleingruppen, in denen sie die Rallye durchlaufen. Das Zeitlimit beträgt insgesamt 45 Min.: Versuch 1 = 15', Versuche 2 bis 4 je 10'. ■ Vier leistungsstarke SuS geben an den Stationen die Aufgaben aus, stoppen die Bearbeitungszeit (auf dem Arbeitsblatt notieren), werten sie nach Rückgabe aus und ermitteln die Gruppenwertung.	■ keine; eventuell die Schwimmblase aus der Fischpräparation als Anschauungsmaterial ■ Material I./M 9 (materialgebundene Aufgabe): Die Schwimmblase 1 und Material I./M 10 (materialgebundene Aufgabe): Die Schwimmblase 2 ■ Reihenfolge der Bearbeitung der Stationen: Zunächst Versuch 1 mit Grundlageninformationen, anschließend beliebige Reihenfolge.

■ L trifft sich mit den Stationenbetreuern, bespricht mit ihnen kurz die richtigen Lösungen und gibt die Punkte vor: in der Regel 1 Punkt für die richtige Antwort und 3 für die richtige Begründung (insgesamt 16 Punkte). ■ Die Stationsbetreuer benoten die abgegebenen Arbeitsblätter. Kritische Fälle werden dem L zur Entscheidung vorgelegt. ■ Die ersten drei Gruppen erhalten in der nachfolgenden Stunde kleine Preise.	■ Notenskala: entsprechend der Punktwertung (0 bis 15) + 1

A./B.: 4. Das Seitenlinienorgan

Unterrichtliche Anmerkung: Der folgende Unterrichtsabschnitt betont bewusst die Arbeit mit einem Text. Die SuS üben die Informationsentnahme sowie das genaue Lesen und Erkennen von Fehlern.

■ L thematisiert das Schwimmen im Schwarm: Warum stoßen Heringe im Schwarm nicht zusammen? L leitet nach kurzer Abfrage der bei den SuS vorhandenen Informationen auf das Seitenlinienorgan über. ▶ **Problem:** Wahrnehmung von Hindernissen ohne zu sehen – das Seitenlinienorgan ■ Die SuS erhalten Material I./M 11 als Arbeitsblatt, wovon sie zunächst Teilaufgabe a) in Einzelarbeit bearbeiten. ■ Ihre Lösung vergleichen die SuS mit der eines Partners und korrigieren eventuelle Fehler. ■ Abschließend oder als Hausaufgabe bearbeiten die SuS wieder allein Teilaufgabe b).	■ keine; eventuell kann die Sequenz 6. Verhalten: Schwarmfische aus Online-DVD 5550647 oder DVD 4641494 gezeigt werden. ■ Material I./M 11 (materialgebundene Aufgabe): Das Seitenlinienorgan
■ L initiiert zum Abschluss der UE Fische eine Abschlussdiskussion. ▶ **Problem:** Evaluation ■ L stellt die Abschlussfrage „Wie hat euch die UE Fische gefallen?" Die SuS bewerten, indem sie ausgeteilte grüne, gelbe oder rote Punkte unbeobachtet vom L auf ein umlaufendes Blatt kleben. Diese Rückmeldung dient insgesamt als Grundlage der Unterrichtsreflexion des L. ■ Nach Abschlussdiskussion und Bewertung verteilt L das kleine Rätsel zu zentralen Merkmalen der Fische. ■ Die SuS lösen das Rätsel. ■ In der Besprechung der Auflösung wird der weitere Verlauf des Unterrichts deutlich: Amphibien, Reptilien.	■ keine ■ bunte Klebepunkte ■ Material I./M 12 (materialgebundene Aufgabe): Rätsel

I. UE: Fische

| I./M 1 | Der äußere Bau eines Fisches | Materialgebundene AUFGABE |

Arbeitsmaterial:

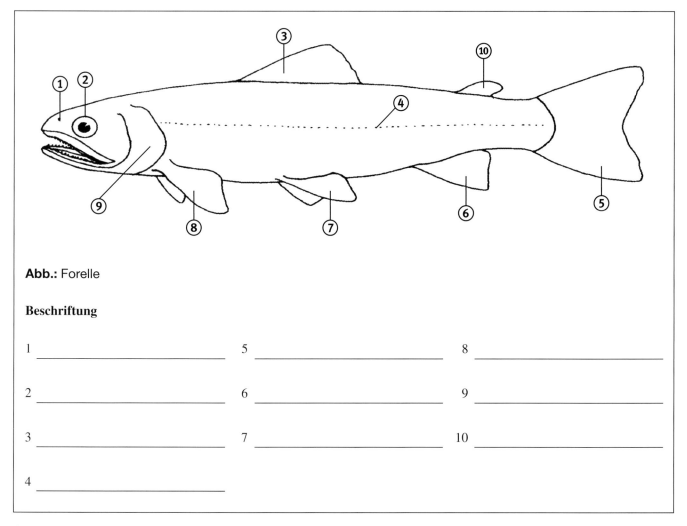

Abb.: Forelle

Beschriftung

1 _____ 5 _____ 8 _____

2 _____ 6 _____ 9 _____

3 _____ 7 _____ 10 _____

4 _____

Aufgaben:

a) Beschrifte die Abbildung mit folgenden Begriffen: *Nasenöffnung, Auge, Fettflosse*, Kiemendeckel, Rückenflosse, Schwanzflosse, Afterflosse, Bauchflossen, Brustflossen, Seitenlinienorgan.*
b) Wie viele verschiedene Flossenarten besitzen die Fische?
c) Welche Flossen sind nur einmal vorhanden (unpaarig), welche zweimal (paarig)?

(*) Anmerkung: Die Fettflosse ist eine zusätzliche Struktur zwischen Rücken- und Schwanzflosse bei den Forellenartigen und einigen weiteren Fischordnungen. Fettflossen besitzen kein knöchernes Flossenskelett. Ihre Form und Größe ist sehr unterschiedlich. Trotz des Namens nimmt man heute an, dass Fettflossen nicht zur Speicherung dienen.

I. UE: Fische

| I./M 2 | Flossentypen | Materialgebundene AUFGABE |

Arbeitsmaterial:

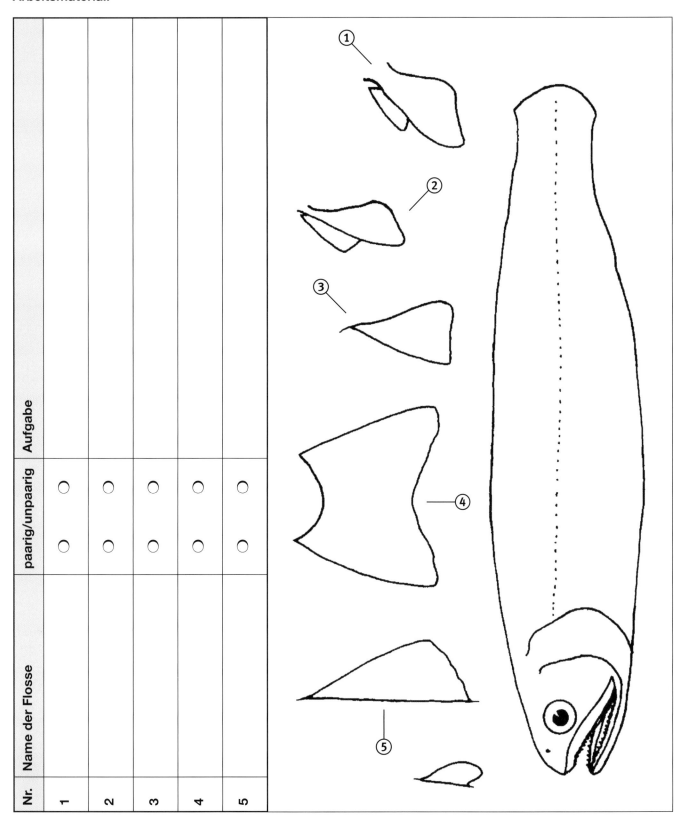

Nr.	Name der Flosse	paarig/unpaarig		Aufgabe
1		○	○	
2		○	○	
3		○	○	
4		○	○	
5		○	○	

Aufgaben:

a) Schneide die abgebildeten Flossen aus und vervollständige damit den Fischrumpf (ohne Fettflosse).
b) Vervollständige die Tabelle!

I. UE: Fische

I./M 3	Die inneren Organe eines Fisches	Materialgebundene AUFGABE

Arbeitsmaterial:

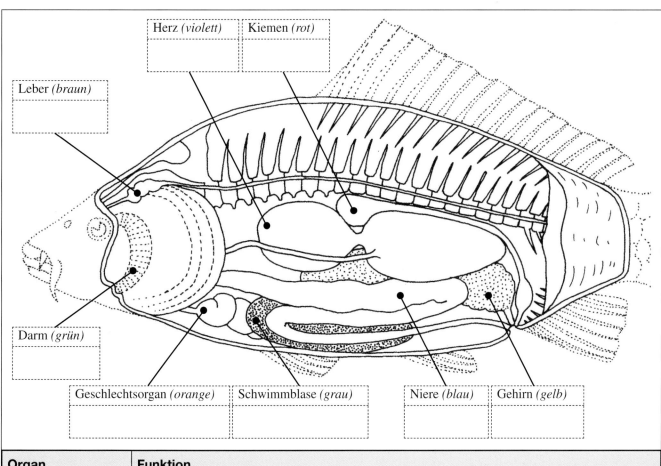

Organ	Funktion
Darm	
Gehirn	
Geschlechtsorgane	
Herz	
Kiemen	
Leber	
Niere	
Schwimmblase	

Aufgaben:

a) Die Abbildung ist leider falsch beschriftet. Trage die richtigen Fachbegriffe in die Kästchen ein und male die Organe in den angegebenen Farben aus!

b) Gib zu den in der Tabelle aufgelisteten Organen eine kurze Beschreibung ihrer Funktion!

I. UE: Fische

| I./M 4 | Die Haut der Fische | Materialgebundene AUFGABE |

Arbeitsmaterial:

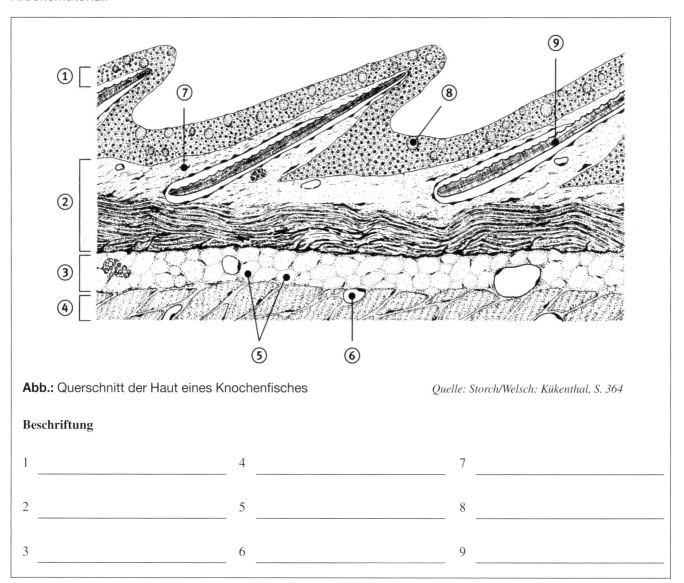

Abb.: Querschnitt der Haut eines Knochenfisches   *Quelle: Storch/Welsch: Kükenthal, S. 364*

Beschriftung

1 _____   4 _____   7 _____

2 _____   5 _____   8 _____

3 _____   6 _____   9 _____

Aufgaben:

a) Beschrifte die obige Abbildung, indem du die folgenden Begriffe der Nummerierung zuordnest: *Unterhaut, Fettzellen, Schuppe, Oberhaut, Blutgefäß, Muskulatur, Drüsenzelle, Lederhaut, Pigmentzelle!*
b) Beschreibe den Aufbau der Haut eines Knochenfisches anhand der Abbildung!
c) Die Unterhaut besteht fast ausschließlich aus Fettzellen. Welche Aufgabe könnte diese Hautschicht haben?
d) Beantworte, ohne nochmals auf die Abbildung zu schauen: In welcher Hautschicht liegen die Schuppen der Fische?

I. UE: Fische

| I./M 5 | Kiemenatmung | Materialgebundene AUFGABE |

Arbeitsmaterial:

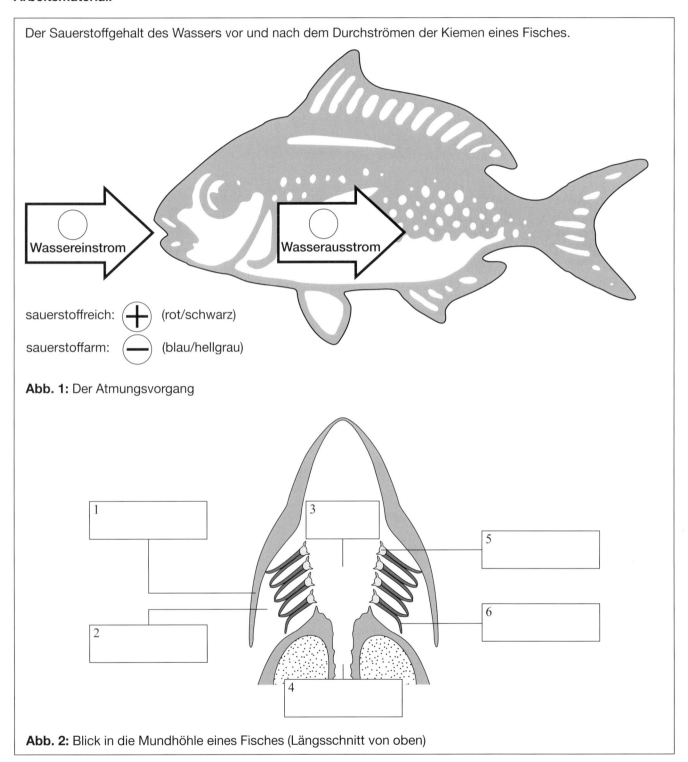

Abb. 1: Der Atmungsvorgang

Abb. 2: Blick in die Mundhöhle eines Fisches (Längsschnitt von oben)

Aufgaben:

a) Markiere in Abbildung 1 den Sauerstoffgehalt des Wassers vor und nach dem Durchströmen des Fisch-Mundraums!
b) Formuliere den Atmungsvorgang bei einem Fisch in eigenen Worten!
c) Beschrifte Abbildung 2, indem du den Zahlen folgende Begriffe zuordnest: *Kiemendeckel, Mundhöhle, Kiemenblättchen, Schlund, Kiemenhöhle, Kiemenbogen*!
d) Zeichne den Weg des Atemwassers in die Abbildung 2 ein!

| I./M 6 | Der Kreislauf der Fische | Materialgebundene AUFGABE |

I. UE: Fische

Arbeitsmaterial:

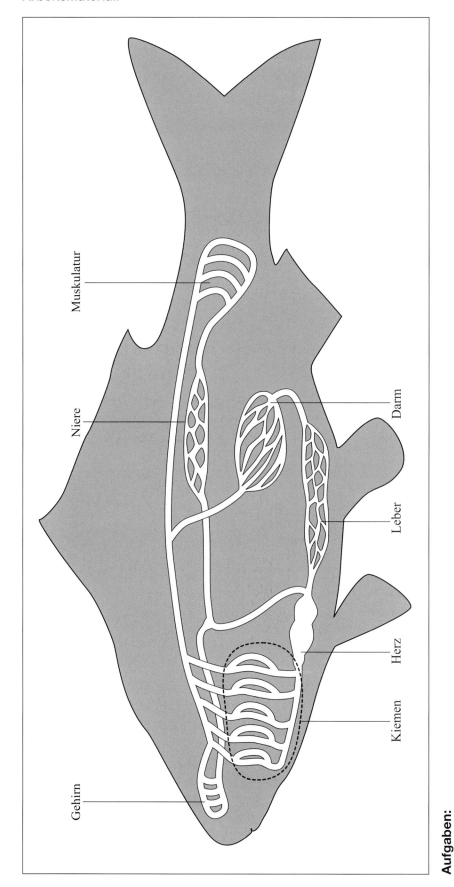

Aufgaben:
a) Gib die Fließrichtung des Blutes durch Pfeile an!
b) Markiere farbig, welche Gefäße sauerstoffreiches (rot) oder sauerstoffarmes (blau) Blut enthalten!
c) Welche Blutsorte enthält das Fischherz?

I. UE: Fische

I./M 7	Schwimmen	Materialgebundene AUFGABE

Arbeitsmaterial:

Abb.: Bewegung des Fischkörpers beim Schwimmen

Aufgaben:

a) Beschreibe die Bewegung des Fischkörpers während des Schwimmens!
b) Wie arbeiten die Muskeln der beiden Körperseiten, um die Schwimmbewegung zu erzeugen?
c) Erkläre, wie der abgebildete Fisch vorwärts schwimmt!
d) Erkläre, weshalb der Schwanz der Hauptantrieb der meisten Fische ist!

I. UE: Fische

I./M 8	Schwimmtypen	Materialgebundene AUFGABE

Arbeitsmaterial:

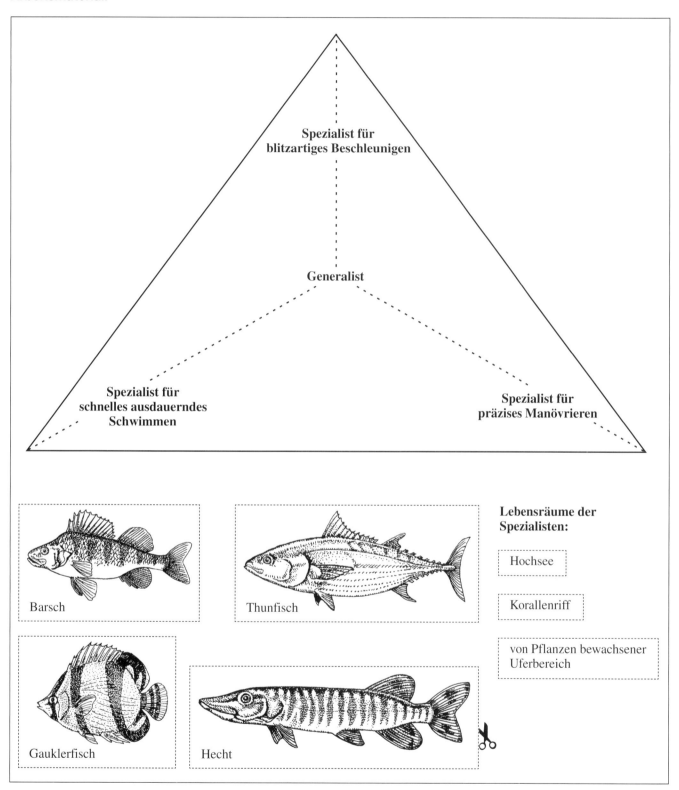

Aufgaben:

a) Ordne die Fische den Schwimmtypen zu, indem du die Bilder ausschneidest und sie an die richtige Stelle klebst! Vergleiche deine Lösung mit der deines Nachbarn!
b) Beschreibe die Gestalt der Spezialisierungstypen (Körperform, Schwanzregion und Schwanzflosse)!
c) Ordne den drei Spezialisten ihren Lebensraum zu! Begründe deine Lösung!

I. UE: Fische

| I./M 9 | Die Schwimmblase – 1 | Materialgebundene AUFGABE |

Arbeitsmaterial:

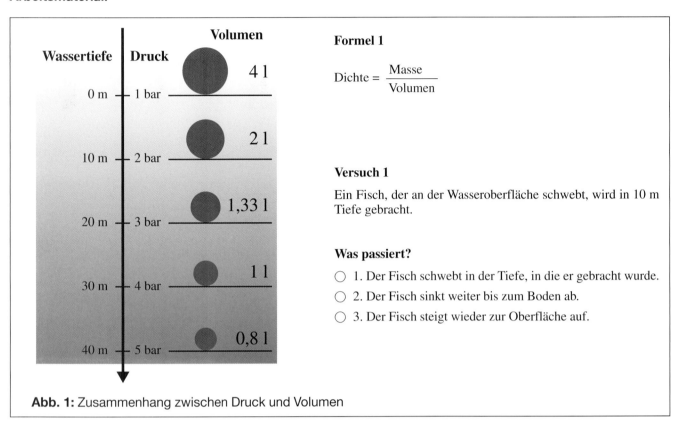

Abb. 1: Zusammenhang zwischen Druck und Volumen

Formel 1

$$\text{Dichte} = \frac{\text{Masse}}{\text{Volumen}}$$

Versuch 1

Ein Fisch, der an der Wasseroberfläche schwebt, wird in 10 m Tiefe gebracht.

Was passiert?

○ 1. Der Fisch schwebt in der Tiefe, in die er gebracht wurde.
○ 2. Der Fisch sinkt weiter bis zum Boden ab.
○ 3. Der Fisch steigt wieder zur Oberfläche auf.

Versuch 2

Die Schwimmblase einer Elritze wird künstlich entleert. Die Oberfläche des Aquariums wird mit einem Gitter abgedeckt, sodass der Fisch seine Schwimmblase nicht durch Luftschlucken über seinen Luftgang wieder füllen kann.

Nach einigen Tagen ist die Schwimmblase trotzdem wieder normal gefüllt.

Eine vergleichende Untersuchung der Gaszusammensetzung in der Schwimmblase brachte folgende Sauerstoffgehalte:

Abb. 2: Sauerstoffanteil in der Schwimmblase

Aufgaben:

a) Was ist die Bedingung dafür, dass ein Körper (Fisch) im Wasser schwebt?
b) Gib in eigenen Worten wieder, wie sich nach Abbildung 1 das Verhältnis von Druck und Volumen eines Körpers mit zunehmender Tiefe verändert!
c) Welche Folge hat das nach Formel 1 für die Dichte?
d) Kreuze nach diesen Überlegungen die richtige Lösung zu Versuch 1 an!
e) Wie könnte die Elritze in Versuch 2 ihre Schwimmblase ohne Luftschlucken wieder aufgefüllt haben? Erkläre deine Vermutung anhand des Materials!

I. UE: Fische

| I./M 10 | Die Schwimmblase – 2 | Materialgebundene AUFGABE |

Arbeitsmaterial:

Versuch 3

Eine Elritze wird in einem Aquarium gehalten. Das Aquarium wird luftdicht verschlossen. Anschließend wird die Luft über dem Wasserspiegel abgesaugt.

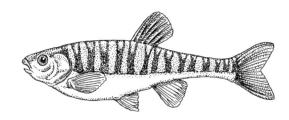

Die Elritze *(Phoximus phoximus)*

Was passiert?

○ 1. Die Elritze bekommt Auftrieb und wirkt dem mit Schwimmbewegungen entgegen. Aus dem Maul entweichen Gasblasen, die aus der Schwimmblase stammen. Dadurch hält der Fisch seine Schwebe-Ebene bei.

○ 2. Die Elritze sinkt auf den Boden ab. Dann schwimmt sie zur Oberfläche und schnappt nach Luft. Nach kurzer Zeit hat sie ihr normales Schwebevermögen wieder erreicht.

○ 3. Die Elritze schwebt weiter in der eingenommenen Tiefe. Das Absaugen der Luft hat keinen Einfluss auf das Tier.

Versuch 4

Die normalen Druckverhältnisse über dem Wasser werden wieder hergestellt.

Was passiert?

○ 1. Die Elritze bekommt Auftrieb und wirkt dem mit Schwimmbewegungen entgegen. Aus dem Maul entweichen Gasblasen, die aus der Schwimmblase stammen. Dadurch hält der Fisch seine Schwebe-Ebene bei.

○ 2. Die Elritze sinkt auf den Boden ab. Dann schwimmt sie zur Oberfläche und schnappt nach Luft. Nach kurzer Zeit hat sie ihr normales Schwebevermögen wieder erreicht.

○ 3. Die Elritze schwebt weiter in der eingenommenen Tiefe. Das Absaugen der Luft hat keinen Einfluss auf das Tier.

Aufgaben:
a) Kreuze die richtigen Lösungen an!
b) Begründe deine Entscheidungen!

I. UE: Fische

| I./M 11 | Das Seitenlinienorgan | Materialgebundene AUFGABE |

Arbeitsmaterial:

Der Lehrer hat in der Schule einen Kurzvortrag über das Seitenlinienorgan der Fische gehalten. Die Abbildungen der Folienkopien, die er dazu benutzt hat, hat er auch den Schülern ausgeteilt. Die Schüler sollten sich Notizen machen und als Hausaufgabe eine schriftliche Zusammenfassung schreiben. Sonja hat leider in der Stunde gefehlt und fragt Iris, die ihr auch das Material mitgebracht hat, ob sie deren Zusammenfassung zum Seitenlinienorgan einmal lesen könne. Folgendes hat Iris geschrieben:

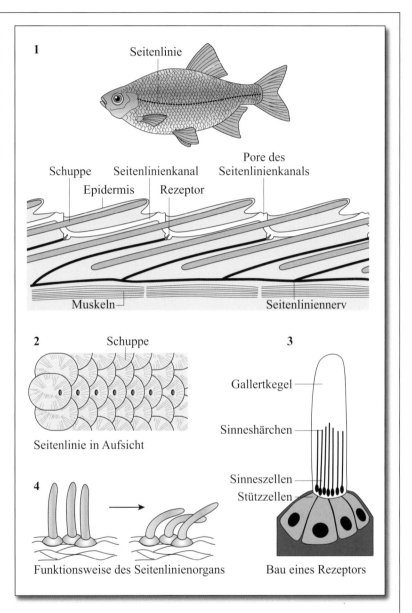

Das Seitenlinienorgan der Fische

Das Seitenlinienorgan befindet sich außen auf der Oberfläche jeder Seite eines Fisches. Es besteht aus Rezeptoren und Nerven, die zum Gehirn führen. Die Rezeptoren enthalten Sinneszellen, die mit ihren Sinneshärchen in einen Gallertkegel eingebettet sind.

Ähnlich aufgebaute Rezeptoren findet man auch im Gehirn. Die Rezeptoren ragen in das umgebende Wasser. Trifft eine Welle auf die Rezeptoren, so richten sie sich durch die Scherkräfte auf und mit ihnen die Sinneshärchen der Sinneszellen. Diese werden gereizt und geben einen Impuls an den Nerv, über den sie mit dem Gehirn verbunden sind.

Mit Hilfe des Seitenlinienorgans können Fische Druckwellen wahrnehmen, die von Artgenossen, Beutetieren oder Raubfeinden kommen. Aber ihre eigene Geschwindigkeit oder die Richtung und Stärke einer Strömung können sie nicht wahrnehmen. Mit dem Seitenlinienorgan können sich Fische, auch ohne etwas zu sehen, im Dunkeln oder in schmutzigem Wasser orientieren, weil sie das „Echo" ihrer selbst erzeugten Wellen wahrnehmen können.

Aufgaben:

a) Lies den Text aufmerksam! An fünf Stellen haben sich Ungenauigkeiten oder Fehler eingeschlichen. Korrigiere den Text!
b) Erläutere, weshalb man das Seitenlinienorgan als „Ferntastsinn" bezeichnet!

I. UE: Fische

| I./M 12 | Rätsel | Materialgebundene AUFGABE |

Arbeitsmaterial:

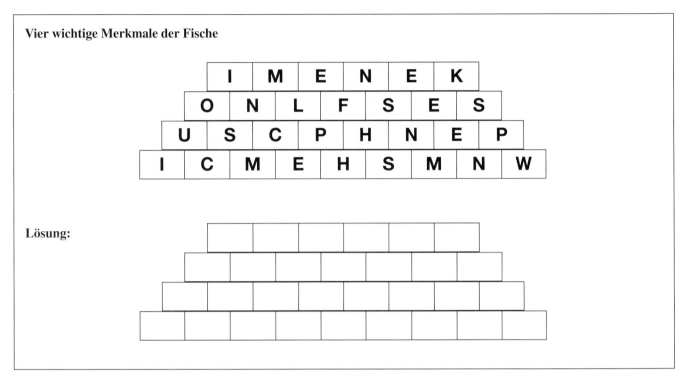

Aufgaben:

a) Trage die Buchstaben der oberen Pyramide geordnet zu vier Begriffen, die wichtige Merkmale der Fische bezeichnen, in die untere Pyramide ein!
c) Welche der vier Merkmale sind auch bei anderen Tieren zu finden?

I. UE: Fische

I.2.3 Lösungshinweise

I./M 1 — Der äußere Bau eines Fisches

a) 1 – Nasenöffnung; 2 – Auge; 3 – Rückenflosse; 4 – Seitenlinienorgan; 5 – Schwanzflosse; 6 – Afterflosse; 7 – Bauchflossen; 8 – Brustflossen; 9 – Kiemendeckel; 10 – Fettflosse
b) Fische besitzen fünf verschiedene Flossenarten.
c) Unpaarig sind die Rückenflosse, die Schwanzflosse und die Afterflosse. Paarig und deshalb zweimal vorhanden sind die Bauch- und die Brustflossen.

I./M 2 — Flossentypen

b) 1 – Brustflossen, paarig, langsames Schwimmen, rückwärts, aufwärts, abwärts schwimmen, steuern, bremsen; 2 – Bauchflossen, paarig, steuern, bremsen, langsames Schwimmen; 3 – Afterflosse, unpaarig, Gleichgewicht halten (Stabilisierung); 4 – Schwanzflosse, unpaarig, Hauptantrieb, schnelles Schwimmen (z. B. bei Flucht), Seitensteuer; 5 – Rückenflosse, unpaarig, Gleichgewicht halten (Stabilisierung)

I./M 3 — Die inneren Organe eines Fisches

a) Ersetze: *Leber* = Gehirn; *Darm* = Kiemen; *Geschlechtsorgane* = Herz; *Schwimmblase* = Leber; *Niere* = Darm; *Gehirn* = Geschlechtsorgan; *Kiemen* = Niere; *Herz* = Schwimmblase
b) Darm – Verdauung der Nahrung; Gehirn – Verarbeitung von Sinnesinformationen, Steuerung des Verhaltens; Geschlechtsorgane – Produktion von Eiern („Rogen") bzw. Spermien („Milch"), Fortpflanzungsorgan; Herz – Antrieb des Blutkreislaufs, pumpt das Blut durch die Gefäße; Kiemen – Atmungsorgan, nehmen Sauerstoff aus dem Wasser auf und geben Kohlendioxid ab; Leber – Speicherung von Nährstoffen, Entgiftung, Hilfsfunktion bei der Verdauung (Fette); Niere – Ausscheidungsorgan, Ausscheidung von Stoffwechselendprodukten, Regulation der Harnstoffabgabe, des Salz- und Säure-Base-Haushalts, Osmoregulation; Schwimmblase – ermöglicht das Schweben im Wasser.

I./M 4 — Die Haut der Fische

a) 1 – Oberhaut; 2 – Lederhaut; 3 – Unterhaut; 4 – Muskulatur; 5 – Fettzellen; 6 – Blutgefäße; 7 – Pigmentzellen; 8 – Drüsenzellen; 9 – Schuppe
b) Die äußerste Schicht der Fischhaut bildet die Oberhaut, es folgt die Lederhaut, woran die Unterhaut anschließt. Diese Schichten ruhen auf der Muskulatur.
c) Die Fettzellen könnten der Wärmeisolierung dienen.
d) Die Schuppen liegen in (der oberen Schicht) der Lederhaut.

I./M 5 — Kiemenatmung

a) Das einströmende (angeatmete) Wasser ist sauerstoffreich und mit einem + und rot/schwarz zu markieren. Das ausgeatmete Wasser (Wasserausstrom) ist sauerstoffarm, also mit einem – und blau/grau zu markieren.
b) Wenn ein Fisch atmet, tritt an den Kiemen der Sauerstoff aus dem Wasser in das Blut über.
c) 1 – Kiemendeckel; 2 – Kiemenhöhle; 3 – Mundhöhle; 4 – Schlund; 5 – Kiemenbogen; 6 – Kiemenblättchen
d) Das Wasser fließt in die Mundhöhle und von dort über die Kiemen in die Kiemenhöhle; von dort tritt es wieder nach außen.

I./M 6 — Der Kreislauf der Fische

a), b) Das sauerstoffreiche, rot markierte Blut fließt von den Kiemen zum Gehirn, zur Muskulatur und zum Darm. Hier findet der Gasaustausch statt und das Blut wird sauerstoffarm (blau zu markieren). Es fließt vom Gehirn zurück zum Herzen. Von der Muskulatur gelangt das sauerstoffarme Blut über die Niere zurück zum Herzen, vom Darm über die Leber. Niere und Leber werden also von sauerstoffarmem Blut versorgt (blau).
c) Das Herz der Fische enthält sauerstoffarmes Blut (blau).

I./M 7 — Schwimmen

a) Der Fischkörper beschreibt eine S-förmige, schlängelnde Bewegung, die unterhalb des Kopfes, der ruhig gehalten wird, beginnt und zum Schwanzende hin immer stärker seitlich ausschlägt.
b) Über die Muskeln laufen von vorn nach hinten Kontraktionswellen. Die Muskeln der beiden Körperseiten kontrahieren zeitversetzt, dadurch kommt die schlängelnde Bewegung des Körpers zustande.
c) Gegen die schlängelnde Bewegung des Körpers übt das Wasser einen Gegendruck aus. Da die schlängelnde Bewegung des Körpers auch seitlich-rückwärts gerichtet ist, wirkt der Gegendruck ihr entgegen seitlich-vorwärts. Da die Bewegung nicht nur genau seitlich wirkt, enthält der Gegendruck eine seitliche und eine vorwärts wirkende Komponente (Kräfteparallelogramm). Der Fisch erhält Vortrieb.
d) Weil der Schwanz die größte seitliche Auslenkung macht und dadurch die stärksten Kräfte erzeugt.

I./M 8 — Schwimmtypen

a) *Generalist:* Barsch;
Spezialist für blitzartiges Beschleunigen: Hecht;
Spezialist für schnelles ausdauerndes Schwimmen: Thunfisch;
Spezialist für präzises Manövrieren: Gauklerfisch
b) *Beschleunigung:* hoher Schwanz, rückversetzte Rücken- und Afterflossen, flächige Schwanzflosse (Erhöhung der Fläche im hinteren Bereich zur Schuberzeugung); insgesamt langgestreckt-flächige Körpergestalt; *ausdauerndes Schwimmen:* stromlinienförmiger Körper, dünner, stielförmiger Schwanz mit sichelförmiger, schmaler Schwanzflosse (Reduzierung des Widerstandes, hoher Schub, Erhöhung der Ausdauer); *manövrieren:* scheibenförmiger Körper, wenig exponierte Schwanzflosse (gute Beweglichkeit um die Körperachsen, langsames Schwimmen)
c) *Hecht – Uferbereich:* Ansitzjäger, plötzlicher Angriff auf Beutetiere; *Thunfisch – Hochsee:* weite Strecken, die auf der Suche nach Beute zurückgelegt werden müssen; *Gauklerfisch – Korallenriff:* Höhlen, Schluchten, Hindernisse, die umschwommen werden müssen.

I./M 9 **Die Schwimmblase – 1**

a) Ein Körper schwebt im Wasser, wenn sein spezifisches Gewicht gleich dem des Wassers ist.
b) Mit zunehmendem Druck, also mit zunehmender Wassertiefe, steigt der Druck und das Volumen des Körpers wird zusammengedrückt, es nimmt ab; nach der Abbildung von 4 l an der Oberfläche auf 0,8 l in 40 m Tiefe.
c) Wenn das Volumen eines Körpers sinkt, wird die Masse nach Formel 1 durch einen geringeren Wert dividiert. Dies ergibt einen höheren Wert für die Dichte. Die Dichte, das spezifische Gewicht, eines Körpers steigt, damit wird er schwerer.
d) Richtig ist Antwort 2. Der Fisch sinkt weiter bis zum Boden ab, weil er jetzt schwerer als Wasser ist.
e) Wenn der Sauerstoff nicht von außen aufgenommen wird, ist die einzige Quelle im Körper das Blut, das über das jeweilige Atmungsorgan (hier die Kiemen) mit Sauerstoff angereichert wird. Dafür spricht der hohe prozentuale Sauerstoffgehalt, während die 21 % Sauerstoff nach dem Luftschlucken dem Anteil in der Außenluft entsprechen. Auch die Länge der Fülldauer von einigen Tagen deutet auf einen stoffwechselphysiologischen Prozess hin, wie er mit der Gasdiffusion aus dem Blut in die Schwimmblase vorliegt.

I./M 10 **Die Schwimmblase – 2**

a) Versuch 3 – Antwort 1; Versuch 4 – Antwort 2
b) Versuch 3: Durch das Absaugen der Luft wird der Luftdruck über der Wasseroberfläche verringert. Der auf dem Fisch lastende Gesamtdruck aus Luft- und Wasserdruck sinkt also und der Fisch bekommt Auftrieb, weil das Volumen der Schwimmblase für die neuen Druckverhältnisse zu groß ist. Um weiterhin in der gleichen Tiefe zu schweben, lässt der Fisch Gas aus der Schwimmblase ab und verringert damit deren Volumen.
Versuch 4: Wird bei verkleinerter Schwimmblase nun der normale Luftdruck wieder hergestellt, hat der Fisch ein zu hohes spezifisches Gewicht, um weiter zu schweben. Er sinkt ab. Um das Volumen zu erhöhen, schluckt die Elritze Luft und füllt ihre Schwimmblase, wodurch sie wieder schweben kann.

I./M 11 **Das Seitenlinienorgan**

a) 1 – *außen auf der Oberfläche:* Das Seitenlinienorgan befindet sich im Seitenlinienkanal, der die Haut durchzieht und regelmäßig über Poren durch die Schuppen hindurch nach außen mündet. 2 – *ähnlich aufgebaute Rezeptoren … im Gehirn:* Die Rezeptoren entsprechen den Haarzellen im Innenohr, genauer in den Ampullen der Bogengänge (Gleichgewichtssinn) und der Schnecke (Cochlea, Hörsinn). 3 – *Rezeptoren ragen in das umgebende Wasser:* Der Gallertkegel der Rezeptoren ragt in die Flüssigkeit, die der Seitenlinienkanal enthält. 4 – *Rezeptoren … richten sich auf:* Die Rezeptoren werden durch die Scherkräfte abgeknickt. 5 – *… nicht … eigene Geschwindigkeit oder … Strömung:* Diese können auch wahrgenommen werden.
b) Das Seitenlinienorgan ist ein Druckrezeptor. Auch der normale Tastsinn beruht auf Druckwahrnehmung. Da beim Seitenlinienorgan kein direkter körperlicher Kontakt, also Nähe zur Wahrnehmung nötig ist, handelt es sich um einen Fern-(Tast-)Sinn.

I./M 12 **Rätsel**

a) Kiemen; Flossen; Schuppen; Schwimmen
b) Kiemen (bei Amphibien); Flossen (bei Walen, Delphinen); Schuppen (bei Reptilien); Schwimmen (bei vielen Tierarten)

I.3 Medieninformationen

I.3.1 Audiovisuelle Medien

FWU-VHS-Video 4200266 / DVD/CD 4602344: Die Bachforelle, 9 Min., f, D
(auch in DVD/CD 4602150 und Online-DVD/Mediensammlung 5500522)
Der Realfilm betrachtet Forellen in ihrem natürlichen Lebensraum. Deutlich gezeigt werden: Körperbau, Fortbewegung und Nahrungssuche, Aufsuchen des Laichplatzes, Paarungsverhalten, Eiablage, Befruchtung, Embryonalentwicklung, Schlüpfen und Heranwachsen der Jungfische.

Online-DVD/Mediensammlung 5550647: Fische – Wirbeltiere 1, 29 Min., f, D, 2006
Ihr Skelett zeigt die Zugehörigkeit zu den Wirbeltieren. Die Sinnesorgane (Auge, Nase, Barteln, Seitenlinienorgan) sind auf ein Überleben im Wasser eingerichtet. Die Haut ist von unterschiedlichen Schuppen gekennzeichnet. Drei typische Maul- und Körperformen unterscheiden Freiwasser-, Boden- und Oberflächenfische voneinander. Die Fortbewegung (Antrieb und Steuerung) wird durch unterschiedliche Flossenformen ermöglicht. Die Kiemenatmung ist eine spezielle Eigenart der Fische. Pflanzenfresser unterscheiden sich typisch von Raubfischen. Schwarmfische und Einzelgänger zeigen unterschiedliches Verhalten.

Der Film ist in folgende Sequenzen gegliedert, die einzeln abrufbar sind:
1. *Körperbau und Anpassung (2:45 Min.); Allgemeine Kennzeichen (0:38 Min.); Sinnesorgane und Schuppen (2:01 Min.).*
2. *Lebensräume (4:14 Min.); Freiwasserfisch (1:05 Min.); Bodenfisch (1:15 Min.); Oberflächenfisch (1:48 Min.).*
3. *Fortbewegung (4:11 Min.); Flossen (0:48 Min.); Flossentypen (1:22 Min.); Antrieb (1:27 Min.); Schwimmblase (0:26 Min.).*
4. *Atmung (2:59 Min.); Kiemen (0:58 Min.); Weg des Wassers (0:20 Min.); Bau der Kiemen (1:09 Min.).*
5. *Ernährung (6:26 Min.); Nahrung (0:28 Min.); Friedfische (1:40 Min.); Raubfische (4:11 Min.); Vergleich der Mäuler (0:45 Min.).*
6. *Verhalten (3:40 Min.); Schwarmfische (1:45 Min.); Einzelgänger (1:48 Min.)*

I. UE: Fische

DVD/CD 4641494: Fische – Wirbeltiere 1, ca. 28 Min., D
Der typische Körperbau der Fische und ihre Anpassung an den Lebensraum Wasser werden verdeutlicht. Ihr Skelett zeigt die Zugehörigkeit zu den Wirbeltieren. Die Sinnesorgane (Augen, Nase, Barteln, Seitenlinienorgan) sind auf ein Überleben im Wasser eingerichtet. Die Haut ist von unterschiedlichen Schuppen gekennzeichnet. Drei typische Maul- und Körperformen unterscheiden Freiwasser-, Boden- und Oberflächenfische von einander. Die Fortbewegung (Antrieb und Steuerung) wird durch unterschiedliche Flossenformen ermöglicht. Die Kiemenatmung ist eine spezielle Eigenart der Fische. Pflanzenfresser unterscheiden sich typisch von Raubfischen, Schwarmfische und Einzelgänger zeigen unterschiedliches Verhalten. Der Film ist in 6 Menüpunkte (Kapitel) gegliedert. Jedes Kapitel kann einzeln bearbeitet werden. Hierzu werden zusätzliche Bilder, Diagramme, Texte oder ausgewählte kurze Filmsequenzen angeboten, die einfach mit der Fernbedienung aufgerufen werden können.

FWU-Film 3203485: Fische – Fortbewegung durch Schwimmen, 10 Min., f
Der Realfilm gibt einen Einblick in das Grundprinzip des Schwimmens bei Fischen und verdeutlicht die hervorragende Anpassung des Fischkörpers an die Fortbewegung im Wasser, was auch durch Modellversuche im Strömungskanal und Zeitlupenaufnahmen noch herausgearbeitet wird.

FWU-Film 3203486: Fische – verschiedene Schwimmtypen, 12 Min., f
Der Film zeigt fünf Fischarten und deren hauptsächliche Fortbewegungsweise durch Schwimmen: Schwanzflossenschwimmen (Doktorfisch), Brustflossenschwimmen (Lippfisch), Gondoliereschwimmen (Drückerfisch), Propellerschwimmen (Igelfisch) und Undulationstyp (Aal und Rochen).

FWU-VHS-Video 4201644: Der Hecht, 14 Min., f, 1993 (auch in DVD/CD 460215088 und Online-DVD/Mediensammlung 5500522)
Realaufnahmen in freier Natur und im Aquarium stellen den Hecht vor. Der Film zeigt neben seinem Lebensraum die Lebensweise des Tieres, seine Fortpflanzung und die Jungfischentwicklung. Besonders eindrucksvoll sind die Aufnahmen vom Beutefang und beim Laichakt.

FWU-VHS-Video 4200240: Der Karpfen, 10 Min., D (auch in DVD/CD 4602150 und Online-DVD/Mediensammlung 5500522)
Der Film stellt mit Aufnahmen vom Karpfen in freier Natur und im Aquarium dessen Lebensweise und Entwicklung vor. Besonders deutlich werden dabei der Laichakt, die Besamung durch das Männchen, die Entwicklung der Jungtiere und die natürlichen Feinde gezeigt.

FWU-Online-DVD/Mediensammlung 5500004: Fische verschiedener Flussregionen, 15 Min., f, D, 1990
Die einzelnen Abschnitte unserer Fließgewässer sind nach der jeweils häufigsten Fischart benannt. Wir bezeichnen sie daher als Forellen-, Äschen-, Barben- und Brachsenregion. Verantwortlich für den wechselnden Fischbestand sind die Bodenbeschaffenheit, die Wasserqualität und die Nahrungsbedingungen. Der Film ist in folgende Sequenzen gegliedert, die einzeln abrufbar sind: 1. Die Forellenregion (2:45 Min.); 2. Die Äschenregion (2:57 Min.); 3. Die Barbenregion (2:57 Min.); 4. Die Brachsenregion (4:34 Min.).

FWU-DVD 4602150: Süßwasserfische, 62 Min., f, D, 2003
Da sich die Fische in ihrer natürlichen Umgebung für gewöhnlich der direkten Beobachtung entziehen, sind sie für viele der Schüler die unbekannten Bewohner einer fremden Welt. Die DVD kann hier Abhilfe schaffen und bietet mit Filmen, Bildern und weiteren Materialien einen sehr guten Einblick in das Leben der Fische, deren Anpassung an und Abhängigkeit vom Lebensraum sowie in Gefährdung und Schutz.

DVD/CD 4602150 und **Online-DVD/Mediensammlung 5500522:** Süßwasserfische, D, 2003
Was sind die charakterischen Merkmale und Lebensweise einheimischer Süßwasserfische (Bachforelle, Hecht, Karpfen, Wels)? Wie ist ihr Lebensraum, ihr Körperbau, ihre Entwicklung? Wodurch sind sie gefährdet – etwa durch bauliche Veränderungen, Überdüngung, Kläranlagen etc.? Antworten auf all diese Fragen geben folgende Kurzfilme und Filmsequenzen, die einzeln abrufbar sind: 1. Fische verschiedener Flussregionen: Forellen-Region (2:39 Min.); 2. Fische verschiedener Flussregionen: Äschen-Region (2:50 Min.); 3. Fische verschiedener Flussregionen: Barben-Region (2:48 Min.); 4. Fische verschiedener Flussregionen: Brachsen-Region (4:24 Min.); 5. Die Bachforelle (8:49 Min.); 6. Die Bachforelle: Körperbau (1:21 Min.); 7. Die Bachforelle: Beutefang (0:57 Min.); 8. Die Bachforelle: Fortpflanzung (2:58 Min.); 9. Die Bachforelle: Entwicklung (3:17 Min.); 10. Der Hecht (12:16 Min.); 11. Der Hecht: Körperbau (1:51 Min.); 12. Der Hecht: Beutefang (2:45 Min.); 13. Der Hecht: Fortpflanzung (2:21 Min.); 14. Der Hecht: Entwicklung (2:16 Min.); 15. Der Karpfen (9:10 Min.); 16. Der Karpfen: Verhalten im Wechsel der Jahreszeiten (2:09 Min.); 17. Der Karpfen: Fortpflanzung (2:11 Min.); 18. Der Karpfen: Entwicklung (1:26 Min.); 19. Der Karpfen: Fressfeinde (3:05 Min.); 20. Der Wels (13:03 Min.); 21. Der Wels: Körperbau (3:20 Min.); 22. Der Wels: Beutefang (2:55 Min.); 23. Der Wels: Fortpflanzung (1:24 Min.); 4. Der Wels: Entwicklung (2:54 Min.); 25. Schwimmen und Schweben – Stromlinienform (1:31 Min.); 26. Entwicklung der Jungfische: Beispiel Forelle (3:17 Min.). Auf der DVD/CD 4602150 bieten Sequenzen sowie Bilder und Grafiken mit kurzen Informationstexten zu den Themengebieten „Arten und Lebensraum", „Körperbau und Entwicklung" und „Gefährdung und Schutz" vielfältiges Anschauungsmaterial. Mit dem Bestimmungsschlüssel „Wer schwimmt denn da?" können einige der auf der DVD vorgestellten Fischarten identifiziert werden. Ein Einblick in die Berufswelt des Fischwirts rundet die Mediensammlung ab. Im ROM-Teil der DVD steht umfangreiches Arbeitsmaterial (Arbeitsblätter, Steckbriefe, Bestimmungsschlüssel) zur Verfügung.

FWU-VHS-Video 4201874: Der Wels, 14 Min., f, 1990 (auch in DVD/CD 4602150 und Online-DVD/Mediensammlung 5500522)
Eindrucksvolle Bilder dokumentieren, wie der Wels an seinen Lebensraum angepasst ist und für ausreichend Nachwuchs sorgt. Als Jungfisch hat der Wels viele Fressfeinde, die er jedoch – sobald er größer geworden ist – seinerseits fressen kann.

I.3.2 Zeitschriften

a) didaktisch

Barfod-Werner, Inken: Wettschwimmen der Wachsformen, in: UB Nr. 178, 1992, S. 14–16
Im Wasser lebende Arten verschiedener Tiergruppen haben eine ähnliche Körperform entwickelt: die Stromlinienform. Sie setzt dem dichten Medium Wasser den geringsten Widerstand entgegen. Die SuS beschreiben aufgrund von Beobachtungen an lebenden Fischen und entsprechenden Bildern Fortbewegung und Körperbau und überprüfen im Modellversuch, welche (Wachs-) Form am schnellsten durch das Wasser gleitet.

Becker, Frank-M.: Zwei Modellversuche zum Themenbereich „Fische, Anpassung an den Lebensraum" (Klassen 5 bis 7), in: PdN-BioS Nr. 6, 1995, S. 334–338
Zwei Modellversuche zu den Themen „Funktion der Schwimmblase" und Strömungsgünstige Körperform der Fische", die mit leicht zugänglichen Materialien durchgeführt werden können, werden vorgestellt. Die Versuche veranschaulichen auf altersgerechtem Abstraktionsniveau die natürlichen Gegebenheiten.

Beyrle, Anja/Graf, Erwin/Rein, Elke: Problemorientiert-forschendes Lernen im Biologieunterricht – Bsp.: Die Schwimmblase (Klassen 5 und 6), in: PdN-BioS Nr. 4, 1998, S. 210–214
Am Beispiel des Erkundens der Funktionsweise der Schwimmblase wird gezeigt, wie durch den methodischen Einsatz von Elementen der Problembearbeitung (Hypothesenbildung experimentelle Überprüfung, Modellmethode, Rückschluss auf die Hypothese) eine motivierenden Unterrichtssituation geschaffen werden kann. Es wird ein einfaches Modell für die Erkundung der Schwimmblasenfunktion vorgestellt.

Entrich, Hartmut: Präparation, in: UB Nr. 213, 1996, S. 4–13 (Basisartikel)
Das Präparieren fördert die praktische und kreative Auseinandersetzung mit biologischen Fragestellungen und Naturobjekten. Das Ergebnis einer gelungenen Präparation dokumentiert sich nicht allein in der Summe der erkannten wissenschaftlichen Fakten, sondern auch im möglichen Erfolgsgefühl der Präparierenden. Der Autor stellt gängige Präparationstechniken sowie mögliche Präparationsobjekte und käufliche Präparate vor.

Hedewig, Roland (Hg.): Fische – angepasst & vielfältig, in: UB Nr. 315, 2006 (mit Kompakt – Schülerlese- und -arbeitsheft: Vielfalt unter Wasser: Fische)

Nottbohm, Gerd: Wie Fische schwimmen, in: UB Nr. 178, 1992, S. 22–25
Die meisten Fische schwimmen durch Schlängelbewegungen ihres Körpers. Die Flossen werden vor allem zum Steuern und für Lagekorrekturen eingesetzt. Manche Fische verfügen über eine Schwimmblase, mit deren Hilfe der Auftrieb reguliert wird. Durch Beobachtungen an lebenden Fischen und durch Auswertung eines Films lernen die SuS die Schwimmweisen von Fischen kennen. Körper- und Flossenformen erlauben Rückschlüsse auf Lebensraum und Lebensweise. Die Präparation eines Fisches ermöglicht die genauere Untersuchung der Beschaffenheit eines Fischkörpers.

Oehmig, Bernd: Zur Funktion der Schwimmblase, in: UB Nr. 113, 1986, S. 39–40
Mit Hilfe der Schwimmblase passen frei schwimmende Fische ihr spezifisches Gewicht an das des umgebenden Wassers an, sodass sie frei schweben. Die sog. Physostomi besitzen einen Luftgang, eine Verbindung zwischen Schwimmblase und Vorderdarm. Mit dem Goldfisch, einem Vertreter dieser Gruppe, lässt sich die Funktion der Schwimmblase im Experiment verdeutlichen. Auch mit einer isolierten Schwimmblase kann man das Prinzip veranschaulichen.

Schliwa, Werner: Das Innere eines Karpfens, in: UB Nr. 213, 1996, S. 54–55
Die Präparation eines Karpfens gewährt den SuS einen Einblick in die Anatomie von Weißfischen. Der L demonstriert das Vorgehen, indem er einen Fisch unter einer Videokamera präpariert.

Waldhelm, M.: Modell zur Kiemenatmung bei Fischen, in: PdN-BioS Nr. 8, 2005, S. 40–42
Auch wenn die SuS wissen, dass Fische über Kiemen atmen, haben sie oft falsche Vorstellungen vom Atmungsmechanismus. Um zu begreifen, dass der eingeatmete Sauerstoff nicht aus der Luft, sondern aus dem Wasser stammt, kann ein im Unterricht oder als Hausaufgabe selbstgebasteltes Modell hilfreich sein. Zusätzlich kann eine modellkritische Betrachtung wissenschaftspropädeutische Aufgaben erfüllen.

Zeitter, W.: Die Schwimmblase – Methodische Hilfen zur Erklärung der Funktion, in: PdN-BioS Nr. 3, 1993, S. 1–5
Die Funktion der Schwimmblase wird anhand einer Reihe einfacher Versuche erarbeitet.

Zucchi, Herbert: Fisch und Mensch – Fisch und Umwelt, in: UB Nr. 113, 1986, S. 4–13 (Basisartikel)
Etwa die Hälfte aller bisher bekannten Wirbeltiere zählen zu der Gruppe der Fische. Die Vielfalt äußert sich auch in der Morphologie und den Verhaltensweisen dieser Tiere. Ihre Bedeutung für den Menschen ist groß: in prähistorischer Zeit zur Herstellung von Amuletten, Medikamenten, Gebrauchsgegenständen und als Nahrung, heute darüber hinaus als Objekte der Freizeitbeschäftigung und zunehmend als Indikatororganismen für die Belastung unserer Gewässer. Veränderungen in der Umwelt sind Ursachen dafür, dass von den rund 70 einheimischen Süßwasserarten 55 auf der „Roten Liste" stehen.

b) wissenschaftlich

Partridge, Brian L.: Wie Fische zusammenhalten, in: Spektrum Nr. 8, 1982, S. 64–74
Ein Fischschwarm – das sind bis zu eine Million Fische, die in faszinierender Eintracht durchs Wasser ziehen. Was hält sie zusammen und wie schaffen sie es, sich auch bei Nacht so perfekt aufeinander abzustimmen? Antwort auf diese Fragen gibt das Studium ihrer Überlebensstrategien und ihres „sechsten" Sinns: des Seitenlinienorgans.

Pelster, Bernd: Die Schwimmblase als hydrostatisches Organ, in: BIUZ Nr. 4, 1993, S. 254–258
Im Zentrum dieses Aufsatzes steht die Erzeugung hoher Partialdrücke in den Schwimmblasen der Fische.

I. UE: Fische

Webb, Paul W.: Der Fischkörper: Form und Bewegung, in: Spektrum Nr. 9, 1984, S. 84–97
Eine differenzierte Analyse der Schwimmtypen im Kausalzusammenhang von Form und Funktion.

I.3.3 Bücher
(kapitelübergreifende Literatur in kursiver Schreibweise)

Bone, Q./Marshall, N.B.: Biologie der Fische, Gustav Fischer, Stuttgart 1985

Bone, Q./ Moore, R.: Biology of Fishes, Taylor & Francis, London 2008
Standardwerk für alle Fragen zum Thema „Biologie der Fische".

Bond, C.: Biology of Fishes, Brooks Cole, 1996

Campbell, Neil. A./Reece, Jane B.: Biologie, 8. Aufl., Pearson Studium, München 2009

Evans, D.H./Claiborne, J.B. (Hg.): The Physiology of Fishes (Marine Biology), Taylor & Francis, London 2005

Hildebrand, Milton/Goslow, George E.: Vergleichende und funktionelle Anatomie der Wirbeltiere, Springer, Berlin 2004

Jacobs, Werner: Fliegen, Schwimmen, Schweben, Springer, Berlin 1954/1981

Kämpfe, Lothar/Kittel, Rolf/Klapperstück, Johannes: Leitfaden der Anatomie der Wirbeltiere, Gustav Fischer, Jena 1993

Storch, Volker/Welsch, Ulrich: Kükenthal – Zoologisches Praktikum, 24. Aufl., Spektrum Akademischer Verlag, Heidelberg/Berlin 2002

Storch, Volker/Welsch, Ulrich: Systematische Zoologie, 6. Aufl., Spektrum Akademischer Verlag, Heidelberg/Berlin 2003

II. Unterrichtseinheit: Amphibien

Lernvoraussetzungen:
Grundkenntnisse der menschlichen Anatomie und Physiologie

Gliederung:

```
┌─────────────────────────────────────┐
│  1. Fortpflanzung und Entwicklung   │
└─────────────────────────────────────┘
                  ↓
┌─────────────────────────────────────┐
│  2. Formen und Verbreitung (inkl. Haut) │
└─────────────────────────────────────┘
                  ↓
┌─────────────────────────────────────┐
│  3. Körperbau und Fortbewegung      │
└─────────────────────────────────────┘
                  ↓
┌─────────────────────────────────────┐
│  4. Anatomie und Physiologie        │
└─────────────────────────────────────┘
```

Zeitplanung:
Für diese Unterrichtseinheit sind ca. 13 Unterrichtsstunden zu veranschlagen. Drei zusätzliche Vertiefungen und eine Internet-Präparation benötigen weitere 2 bis 3 Unterrichtsstunden.

II. UE: Amphibien

II.1 Sachinformationen

Allgemein: Amphibien (Lurche)
Merkmale:
- Alle Amphibien besitzen wie die Fische keine Embryonalhüllen. Sie werden deshalb mit den Fischen zusammen als Anamnia den Amnioten (Vögel, Reptilien und Säuger) gegenübergestellt.
- Alle Amphibien besitzen an den Vorderextremitäten nur vier oder weniger Finger.
- Alle Amphibien besitzen eine dünne Haut, die durch Drüsen feucht gehalten wird und keine Ein- oder Auflagerungen aus Knochen oder Knorpel aufweist.
- Alle Amphibien zeigen eine Bindung an eine feuchte Mikroumwelt, wenn sie auch trockene Großlebensräume besiedeln.

Die Bezeichnung „Amphibien" definiert die Lurche als im Wasser und an Land lebend. Beim Übergang zum Landleben findet eine Metamorphose statt. Je nach den ökologischen Bedingungen gibt es vielfältige Abweichungen von diesem ursprünglichen Entwicklungsablauf.

Bei Amphibien findet keine Begattung statt. Am häufigsten ist die evolutiv ursprüngliche äußere Befruchtung, bei der das Männchen nach dem Ablaichen seine Spermien über den Eiern abgibt. Bei Molchen nimmt das Weibchen eine vom Männchen abgesetzte Spermatophore in ihre Kloake auf.

Amphibien besitzen meist noch ein Seitenlinienorgan, das man sonst nur bei Fischen findet; ebenso dienen Kiemen als Atmungsorgan vieler Amphibienlarven.

Evolutionsgeschichte/Formen: Die Klasse der Amphibien (Lurche) besteht heute aus drei Ordnungen: 1. den Schwanzlurchen (Urodela); 2. den Froschlurchen (Anura); und 3. den Blindwühlen (Apoda).

Zu den **Schwanzlurchen (Urodela)** zählen rund 400 Arten, beispielsweise die einheimischen Molche, Salamander und Olme. Die Urodelen zeigen in ihrem Körperbau noch viele ursprüngliche Merkmale. Hierzu gehört der flache Kopf, der lang gestreckte Körper mit seitlich ansetzenden identischen Extremitäten und der anschließende Schwanz. Larven und adulte Tiere ernähren sich von tierischer Nahrung. Je nach den ökologischen Bedingungen kann das Larven-, aber auch das Adultstadium entfallen (Neotenie).

Mit rund 4000 Arten sind die weltweit verbreiteten **Froschlurche (Anura)** die formenreichste Gruppe der Amphibien. Der Körperbau der Anuren ist auf ein optimales Sprungvermögen ausgelegt und damit stark abgeleitet: Sie sind schwanzlos, der Hinterkörper ist reduziert und umgeformt. Die Hinterextremitäten dagegen sind verlängert. Bei den Kröten ist das Sprungvermögen allerdings tendenziell wieder reduziert. Alle Froschlurche zeigen äußere Befruchtung als primitives Merkmal. Die Anuren durchlaufen anschließend eine zweistufige Lebensgeschichte mit Kaulquappen als Larvenstadium. Je nach den ökologischen Bedingungen findet man Brutfürsorge in verschiedenster Intensität. Diese führt bei tropischen Arten zu außerordentlichen Verhaltensweisen. Kaulquappen ernähren sich von pflanzlicher Nahrung, während adulte Tiere mit ihrer klebrigen Schleuderzunge tierische bewegliche Nahrung fangen. Adulte Anuren zeigen eine starke ökologische Diversifikation in ihrer Lebensweise. Dies reicht von grabend über bodenlebend bis baumlebend, wobei die Tiere klettern und sich sogar im Gleitflug fortbewegen. Bei der Fortpflanzung zum Anlocken der Weibchen oder zur Verteidigung eines Territorium findet man bei Froschlurchen akustische Kommunikation (Quaken).

Die **Blindwühlen (Apoda)** kommen mit rund 150 Arten ausschließlich im tropischen Bereich vor. Ihre Lebensweise ist unterirdisch, meist in feuchtem Waldboden eingegraben. Ihre Körpergestalt ist wurmförmig. Extremitäten einschließlich Becken und Schultergürtel fehlen. Die Augen sind reduziert. Die Befruchtung findet im Körperinneren statt. Blindwühlen leben räuberisch von Würmern, Insekten, Fröschen u. Ä., die sie im Boden wühlend erbeuten.

Die rezenten drei Amphibienordnungen sind die Reste einer großen palaeozoischen Formenvielfalt, die durch eine adaptive Radiation im frühen Karbon entstanden ist. Dieser Zeitraum gilt als „Zeitalter der Amphibien", weil diese damals die einzigen landlebenden Wirbeltiere waren. Früheste fossile Nachweise datieren aus dem Oberen Devon mit rund 356 Millionen Jahren. Die frühen Amphibien waren Räuber, die sich an Land insbesondere die Insekten als neue Nahrungsquelle erschlossen. Schon zu Beginn des Mesozoikums hatten die überlebenden Ursprungsformen große Ähnlichkeit mit den rezenten Vertretern der Ordnungen.

Amphibienentwicklung
Im Laichgewässer gibt das Froschweibchen bei der Paarung die Eier als einen großen, zusammenhängenden Ballen ins Wasser ab. Das Männchen umfasst dabei das Weibchen von hinten und setzt die Spermien zur Befruchtung über den Laichballen frei. Die Eier, die keine schützende Schale besitzen, sondern nur von einer gallertartigen, durchsichtigen Hülle umgeben sind, werden im Wasser befruchtet (äußere Befruchtung). Die Zygote teilt sich anschließend total-inäqual. Über Morula- und Blastula-Stadium entsteht nach Gastrulation und Neurulation die Neurula. Nach der weiteren Organbildung schlüpft rund fünf Tage später die fertige Larve aus der Gallerthülle. Die Larve (Kaulquappe) besitzt zunächst noch Außenkiemen. Sie schwimmt durch seitliche Bewegungen ihres Schwanzes, der einen breiten vertikal ausgerichteten Flossensaum besitzt. In der folgenden Zeit überwächst eine Hautfalte die Kiemen, die zu Innenkiemen werden. Der Wasserausstrom wird durch eine runde seitliche Öffnung gewährleistet. Die Kaulquappe besitzt einen Hornkiefer, mit dem sie den Algenbewuchs vom Untergrund abraspelt. Etwa neun Wochen nach dem Schlüpfen hat die Kaulquappe bereits Hinterbeine und wandelt sich in den folgenden rund 4 bis 5 Wochen zu einem kleinen Froschimago um (Metamorphose), das den Tümpel verlässt und an Land lebt. Dazu werden auch die Vorderextremitäten ausgebildet und der Schwanz reduziert. Neben diesen äußerlich sichtbaren Veränderungen wird auch eine Lunge entwickelt, das Maul umgewandelt und der Magen-Darm-Trakt verkürzt, denn der adulte Frosch ernährt sich von tierischer Nahrung.

Ältere Deutungsansätze betonen die Bindung der Amphibien an den evolutionsgeschichtlich ursprünglichen Lebensraum „Wasser" zur Fortpflanzung und deuten die Metamorphose als Rekapitulation des stammesgeschichtlichen Wasser-Land-Übergangs. Neuere Ansätze sehen hierin ein Beispiel für eine komplexe Lebensgeschichte. Das Leben der meisten Wirbeltiere verläuft mit der Zygote beginnend kontinuierlich über das Jugendstadium bis zum adulten Tier. Daneben gibt es komplexe Lebensgeschichten verschiedenster Ausprägung: Bei den Amphibien sowie Insekten und verschiedenen marinen Wirbellosen findet man eine Zwei-Stufen-Entwicklung mit spezialisierten Larvenstadien und Metamorphose.

Durch eine komplexe Lebensgeschichte mit zwei aufeinander folgenden Phasen wird ein zweiter Lebensraum erschlossen. Die Ressourcen des Lebensraums der adulten Tiere (Land) werden durch die Erschließung eines eigenen larvalen Lebensraums (Wasser) erweitert. Eine Art mit komplexer Lebensgeschichte besetzt also zwei verschiedene ökologische Nischen mit unterschiedlichen Selektionsbedingungen, beispielsweise für Kaulquappen und adulte Kröten bzw. Frösche. Die beiden Phasen evolvieren unabhängig voneinander und zeigen als spezifische Anpassungen unterschiedliche Morphe. Dies macht beim Habitatwechsel eine Metamorphose notwendig.

Während dieses Entwicklungsmuster bei den Anuren auch unter extremsten Umweltbedingungen beibehalten wird, zeigen die Urodelen veränderte Lebensgeschichten, bis hin zu einer direkten Entwicklung im Ei. Bekannt sind die Salamander dafür, dass sie lebende Junge zur Welt bringen. Es gibt aber auch den anderen Fall, dass die Larven ohne Metamorphose geschlechtsreif werden (Neotenie und Pädomorphie u. a. beim Axolotl, *Ambystoma mexicanum*), wenn im Laichgewässer keine Gefahr durch größere Räuber oder Austrocknung besteht. Diese Formen haben durch frühere Fortpflanzung Fitnessvorteile, weil die Laichwanderung entfällt. In austrocknenden Laichgewässern treten dagegen bei einigen Arten durch den Dichtestress im schrumpfenden Laichgewässer kannibalistische Larvenformen mit kräftigen Kiefern und Zähnen auf, die schneller wachsen, weil sie ihre Artgenossen fressen, und deshalb ihre Larvalentwicklung abschließen können, bevor der Teich austrocknet.

Fortbewegung
Der Bau der Extremitäten bei Urodelen wie Molchen und Salamandern ist unspezialisiert. Vorder- und Hintergliedmaßen sind ungefähr gleich lang und ohne auffällige Bauunterschiede; lediglich die Fingerzahl ist reduziert. Im Stand werden Oberarm- bzw. Oberschenkel fast waagerecht vom Körper weg gehalten und Unterarm- und Unterschenkel nahezu rechtwinklig zu Boden geführt. Der Körper ist mit einer kräftigen Muskulatur zwischen den Extremitäten aufgehängt und wird vom Boden hochgestemmt. Urodelen bewegen sich quadruped, sie zeigen also die charakteristische Fortbewegungsweise landlebender Wirbeltiere. Die Schrittfolge ist dabei durch die diagonale Koordination festgelegt: So werden beispielsweise die Extremitäten rechts vorn und links hinten nahezu gleichzeitig vom Boden abgehoben, nach dem Aufsetzen folgen dann die beiden links vorne und rechts hinten. In der Vorwärtsbewegung vollzieht der Körper eine seitliche Schlängelbewegung mit Körper und Schwanz. Hierdurch wird die Schrittlänge vergrößert. Während eines Schritts wird der Oberschenkel nach vorn gezogen, bis er in einem rechten Winkel mit dem Körper ist, das Knie wird gebeugt und das Bein weiter nach vorn gebracht. Am Ende der Bewegung wird der Fuß ge-

streckt, aufgesetzt und der Körper nach vorn geschoben. Der Fuß setzt mit der ganzen Sohle auf (Sohlengänger). Die Zehen sind gespreizt und verankern sich im Boden.

Das Skelett der Anuren, insbesondere der Frösche, ist im Hinblick auf ein großes Sprungvermögen spezialisiert. Beim Sprung aus sitzender Position werden beide Hinterbeine gleichzeitig gestreckt und so der Körper nach vorne oben beschleunigt, die Vorderbeine sind am Körper angelegt. Am Beginn der Abwärtsbewegung werden die Vorderbeine nach vorne gebracht, um den Körper abzufangen. Die Hinterextremitäten sind für den Vorwärtsschub verantwortlich, sie sind deshalb deutlich länger als die Vorderextremitäten. Die Hinterbeine stellen zusammen mit dem hinteren Körperteil ein hoch spezialisiertes Hebelsystem dar. Im Kreuzbereich sind die Beckenknochen der Anuren verlängert. Ebenso verlängert sind die zweimal vorhandenen Fußwurzelknochen, die Mittelfußknochen und die Zehen. Diese „Hebel" arbeiten zusammen über insgesamt fünf Gelenke. Die Darmbeine bilden mit den Kreuzwirbeln das Kreuzgelenk (Sakralgelenk), das typischerweise bei Anuren im Sitzen am Rücken heraussteht. Am gegensätzlichen Ende bilden die Beckenknochen mit dem Oberschenkelknochen das Hüftgelenk. Es folgt das Kniegelenk zwischen Ober- und Unterschenkel. Das Fersengelenk befindet sich am Übergang zur Fußwurzel. Als Besonderheit findet man zwischen Fußwurzel und Mittelhand eine zusätzliches Gelenk, das Sprunggelenk (Intertarsalgelenk).

Der von den Beinen entwickelte starke Schub wird auch beim Schwimmen genutzt. Die Füße mit ihren Schwimmhäuten stemmen sich dabei gegen das träge Wasser ab. Die Vorderbeine sind kräftig gebaut, kurz und die Füße sind nach innen versetzt. So können sie die Wucht der Landung des Körpers abfangen. Zur Erhöhung der Stabilität der Extremitäten trägt bei, dass die Unterschenkel bei Vorder-, aber auch den Hinterbeinen aus einem verwachsenen Knochen bestehen.

Fortpflanzungsstrategien bei Anuren

Unsere einheimischen Frösche und Kröten zeigen bei der Fortpflanzung eine feste Bindung an ein Laichgewässer, in dem sich Eier und Larven entwickeln können. Weder Männchen noch Weibchen kümmern sich nach dem Ablaichen um Entwicklung der Hunderte von Eiern und die Aufzucht der Kaulquappen. In den Tropen hat dagegen der Selektionsdruck in den Laichgewässern durch eine hohe Individuendichte und eine große Artenvielfalt sowie viele Raubfeinde unter Beibehaltung der zweistufigen Lebensgeschichte zu einer Verlagerung der Eiablage vom Wasser ans Land geführt. Die Tiere nutzen im immer feuchten Tropenwald feuchte Stellen zum Ablaichen und zur Entwicklung der Eier sowie kleine bis kleinste Wasseransammlungen zur Larvenaufzucht. Die räumliche Trennung beider Orte macht den für die Gruppe der Baumsteigerfrösche typischen Larventransport notwendig. Zur Bewältigung dieser Probleme unter den verschiedensten ökologischen Bedingungen hat sich in der Evolutionsgeschichte eine große Anzahl von Fortpflanzungsstrategien entwickelt. Sie zeigen mit zunehmender Verschärfung der ökologischen Situation eine Tendenz zu intensivierter Brutfürsorge und Brutpflege, auch durch die Weibchen, also zu einem Wechsel von der ursprünglichen r-Strategie der Anuren zu einer K-Strategie mit wenigen Nachkommen.

Haut

Die Haut der Amphibien gliedert sich in die Oberhaut (Epidermis) und die Unterhaut (Dermis), an die sich die Lederhaut (Subcutis) anschließt. Die Epidermis wird von einer dünnen Hornschicht nach außen abgeschlossen. Die folgende Dermis enthält in der oberen Schicht zahlreiche vielzellige Drüsen. In der unteren Schicht sind Pigmentzellen eingelagert. Die abschließende Lederhaut wird von zahlreichen Blutgefäßen durchzogen.

Die wesentliche Aufgabe der Schleim- und Giftdrüsen in der Unterhaut ist es, die Hautoberfläche feucht zu halten. Eine feuchte Haut ist für Amphibien lebenswichtig und begründet ihre Bindung an feuchte Lebensräume. Die Feuchtigkeit verhindert einerseits, dass sich Pilze und Bakterien auf der Oberfläche ansiedeln, zum andern ermöglicht sie die ebenfalls lebenswichtige Hautatmung. Die Gesunderhaltung der Haut wird unterstützt durch die Sekretion der Giftdrüsen, die u. a. antibakteriell und fungizid wirksame Substanzen freisetzen. Andererseits dienen die nach der Metamorphose auftretenden Giftdrüsen („Körnerdrüsen") auch der passiven Verteidigung gegen Fressfeinde wie Schlangen, Vögel oder Säugetiere. Viele Sekrete riechen übel, schmecken bitter oder führen zu leichten Vergiftungen und Reizungen im Mundbereich, sodass ein Räuber seine Beute wieder ausspuckt. Die Pigmentzellen der Unterhaut geben vielen Amphibien eine auffällige Warnfärbung, sodass Fressfeinde schnell lernen können, diese übel schmeckenden Beutetiere zu vermeiden.

Die giftproduzierenden Körnerdrüsen sind über die gesamte Körperoberfläche verteilt. Bei Kröten und Salamandern konzentrieren sie sich seitlich entlang der Rückenlinie und am Hinterkopf („Hinterohrdrüsen").

Amphibiengifte gehören chemisch gesehen zu den Gruppen der Amine und Peptide, aber auch zu den hochtoxischen Steroiden und Alkaloiden. Trotzdem ist ein äußerlicher Hautkontakt für den Menschen harmlos. Erst der Kontakt mit Schleimhäuten und Wunden birgt Gefahr. Im Blutkreislauf führen die gefährlichsten Neuro-, Myo- oder Cardiotoxine u. a. zur Störung der Impulsleitung von Nervenzellen, zu Halluzinationen, zu Muskelkrämpfen, die tödlich verlaufen können. Andere Substanzen wirken blutdrucksteigernd, wieder andere blutdrucksenkend durch Verengung bzw. Erweiterung der Blutgefäße. Die Gifte werden von den Tieren im Körper selbst synthetisiert oder mit der Nahrung aufgenommen.

Hautatmung

Die Hautatmung ist im Tierreich recht weit verbreitet. Bei vielen Wirbellosen ist sie die einzige Form des Gaswechsels. Man findet Hautatmung aber auch bei Wirbeltieren wie den Fischen und sogar bei – allerdings meist wasserlebenden – Reptilien. Besondere Bedeutung besitzt die Hautatmung bei den Amphibien. Bei Vögeln und Säugern ist ihr Anteil an der gesamten Atmung zu vernachlässigen.

Der Gaswechsel über die Haut geschieht durch Diffusion. Sie ist gerichtet durch das Konzentrationsgefälle (genauer: Partialdruckgefälle, wobei die Löslichkeit in einem Medium eingeschlossen ist) zwischen dem Atemmedium und dem Blut. Diffusion verläuft als Konzentrationsausgleich (Partialdruckausgleich) vom Ort hoher zum Ort niedriger Konzentration, wobei die Gasmoleküle als Partikel durch die Brown'sche Molekularbewegung (Eigenbewegung der Teilchen) passiv bewegt werden. Die Geschwindigkeit der Diffusion ist abhängig von der Höhe des Unterschieds der Konzentrationen.

Normalerweise nimmt ein Organismus über die Haut Sauerstoff auf und gibt Kohlenstoffdioxid ab. Je nach den Umweltbedingungen (beispielsweise bei hoher Temperatur) oder dem Zustand des Tieres (hohe Aktivität) kann sich dies auch umkehren. Eine Stoffwechselkontrolle ist nicht gegeben. Während der Zufluss zur Lunge gesteigert oder verlangsamt werden kann, um eine Umkehrung des Gaswechsels zu verhindern, bewirkt dies bei der Haut nichts, weil die Diffusion durch die relativ dicke Haut langsamer verläuft als der Transport des Blutes zur Haut. Beispielsweise bewirkt die Sauerstoff-Aufnahme durch die Haut eine lineare Konzentrationszunahme im Blut und führt dabei nicht zu einer vollständigen Sättigung. Die Gasaufnahme in der Lunge erfolgt schnell und sättigt das Blut der Kapillaren, die die Alveolen umspinnen, bereits kurz nach dem ersten Kontakt.

Bei den meisten Amphibien überwiegt die Kohlenstoffdioxid-Abgabe die Sauerstoff-Aufnahme. Die Ursache liegt im jeweiligen Konzentrationsgradienten zwischen Blut und Atemmedium. Hierbei sind Umweltfaktoren wie Stoffwechselbedingungen mitbestimmend. Der Kohlendioxidgehalt im Blut ist meist deutlich höher als im Atemmedium (Luft, Wasser). Der Sauerstoffgehalt des Blutes wird durch die Lunge erhöht und liegt dadurch in der relativ direkt arteriell versorgten Haut nahe bei dem des Atemmediums. Die Folge ist eine verlangsamte Sauerstoff-Diffusion in die Kapillaren der Haut.

Das Ausmaß der Hautatmung ist abhängig von der atmungsaktiven Oberfläche. So findet man bei stark hautatmenden Froscharten auffällig gefaltete oder haarähnliche Hautanhänge. Aber auch zeitweilig, beispielsweise für die Paarungszeit, können solche Vergrößerungen der Haut auftreten. Auf diese Weise ist eine Anpassung an zeitweilig höhere Stoffwechselaktivität möglich. Auch eine Verringerung der Hautdicke kann die Hautatmung fördern, weil durch die geringere Entfernung zwischen dem Atemmedium und dem Blut der Diffusionswiderstand sinkt. Versuche mit Kaulquappen haben ergeben, dass hierdurch während der Larvalentwicklung eine aktive Anpassung an die Sauerstoffbedingungen des Laichgewässers möglich ist. Ebenfalls können die Hautkapillaren selektiv geöffnet und geschlossen werden. Hierdurch wird die Durchblutung der Haut verändert und damit der Gaswechsel beeinflusst. Zusätzlich kann der Kohlenstoffdioxid- bzw. Sauerstoff-Gehalt des Blutes, das zur Haut geleitet wird, selektiv gesteuert werden. Meist fließt über ein besonderes Gefäß zusätzlich sauerstoffarmes Blut zur Haut, das auf dem Weg zur Lunge umgeleitet wird.

Neben diesen inneren Faktoren nimmt auch die Ventilation des Atemmediums eine wichtige Rolle ein. Bei einem ruhenden Tier bildet sich über der Haut eine Grenzschicht mit – beispielsweise – geringer Sauerstoff-Konzentration, weil der Sauerstoff durch die Haut in den Körper des Tieres diffundiert. Dies verringert den Konzentrationsgradienten und damit die Diffusionsgeschwindigkeit. Wird die Grenzschicht durch Bewegung fortlaufend zerstört, steigert dies die Diffusion.

II. UE: Amphibien

Herz und Kreislauf

Das Herz der Amphibien besteht aus zwei Vorhöfen (Atrien) und einer ungeteilten Herzkammer (Ventrikel). Die Vorhöfe besitzen nur dünne Wände und eine dünne Scheidewand. Der rechte Vorhof ist größer als der linke. Die Herzkammer hat dicke, muskulöse Wände, im unteren Bereich ragen Falten ins Innere hinein.

Das sauerstoffangereicherte Blut aus der Lunge tritt über die Lungenvene *(Vena pulmonalis)* in den linken Vorhof ein. Das verbrauchte, venöse Blut aus dem Körper gelangt über den *Sinus venosus* in die rechte Vorkammer. In der Herzkammer vermischt sich das sauerstoffreiche Blut von den Lungen mit dem sauerstoffarmen Blut aus dem Körper. Diese Vermischung ist allerdings nur gering. Hierzu dienen zum Einen die Einfaltungen und Nischen in der Herzkammer, zum Anderen die so genannte Spiralfalte im Ursprung aller Arterien, dem Conus arteriosus. Dieser führt das gesamte Blut aus dem Herzen ab und hält dabei die Blutsorten durch seine Spiralfalte getrennt. So gelangt sauerstoffreiches Blut über die Karotiden zum Gehirn. Etwas sauerstoffärmeres Blut erreicht über die Aorta den Körper. Das sauerstoffärmste Blut wird über die Lungenarterie in die Lungen geleitet.

Das Kreislaufsystem der Amphibien besteht also aus einem kleinen Lungenkreislauf und dem großen Körperkreislauf. Außerdem gibt es im Lungenkreislauf eine Abzweigung, die Blut, bevor es zur Lunge gelangt, direkt zur Haut führt. Durch einen Schließmuskel kann die Lunge umgangen werden und verstärkt sauerstoffarmes Blut zur Haut und anschließend zum Körper geleitet werden. Die Stärken von Lungen- und Hautatmung können so aufeinander abgestimmt werden.

Mundhöhlenatmung und Lungenatmung

Die Lunge der Amphibien enthält einen großen zentralen Hohlraum und ist wenig gekammert. Die Differenzierung unterscheidet sich bei den verschiedenen Gruppen und ist bei den Anuren am weitesten fortgeschritten. Die Lunge funktioniert nach einem Druckmechanismus, im Gegensatz zu Reptilien, Vögeln und Säugern, bei denen die Ventilation durch einen Saugmechanismus bewerkstelligt wird. Da bei Amphibien die Rippen weitgehend zurückgebildet sind, wird die Atemluft durch Anheben des Mundhöhlenbodens bei geschlossenen Nasenlöchern in die Lunge hineingedrückt. Die Lungenatmung ist deshalb eng an die Mundhöhlenatmung gebunden.

Beim Atmungsvorgang wird zunächst bei offenen Nasenlöchern, aber geschlossenem Lungengang, durch Senken des Mundhöhlenbodens frische Außenluft in die Mundhöhle gesaugt. Anschließend wird der Mundhöhlenboden wieder gehoben, was zum Ausstoßen der Luft führt. So wird die Mundhöhle durch Kehloszillation ventiliert. Während dieser Mundhöhlenatmung erfolgt ein Gasaustausch über die Kapillaren im Mundhöhlen- und Schlundbereich. In gewissen Zeitabständen wird die Mundhöhlenatmung unterbrochen, die Nasenöffnungen geschlossen und der Lungengang geöffnet. Durch Kontraktion der Bauchmuskulatur und durch ihre eigene Elastizität wird die Lunge komprimiert und die Luft aus der Lunge in die Mundhöhle zurückgedrückt. Die ausgeatmete Luft vermischt sich jetzt mit der frischeren Luft in der Mundhöhle. Durch das Heben des Mundhöhlenbodens bei geschlossenen Nasenlöchern wird die Mischluft anschließend wieder zurück in die Lunge gedrückt („geschluckt"). Dieser Vorgang kann sich mehrmals wiederholen, bevor wieder die Mundhöhlenatmung einsetzt.

Lebensgeschichte

Eine Lebensgeschichte *(life history)* ist das Muster, nach dem bei einer Art die zur Verfügung stehende Zeit und Energie auf die Basisfunktionen des Lebens verteilt werden, um eine größtmögliche Fitness zu erreichen. Hierzu gehören Morphogenese, Differenzierung und Wachstum ebenso wie das Überleben und die Fortpflanzung. Merkmale der Lebensgeschichte sind beispielsweise

- die Größe der Individuen;
- die Größe der Jungen bei der Geburt;
- das Wachstumsmuster;
- das Alter bei der Geschlechtsreife (erste Fortpflanzung);
- die Häufigkeit der Fortpflanzung (einmal (Semelparitie) oder mehrmals (Iteroparitie) im Leben);
- die Größe bei der Geschlechtsreife;
- die Anzahl und die Größe der Nachkommen (Wurfgröße, Fruchtbarkeit);
- die Art des Investments in die Nachkommen (Brutfürsorge, Brutpflege);
- die Länge des Lebens, das Auftreten einer Altersperiode nach der Fortpflanzungszeit.

Man kann feststellen, dass manche Parameter der Lebensgeschichte auffällig kovariieren. So können Arten ein „schnelles" oder ein „langsames" Leben führen:

- Bei einem „schnelleren" Leben treten Geschlechtsreife und Fortpflanzung früh ein. Verbunden ist dies mit einer großen Anzahl an kleinen Nachkommen pro Wurf und einer Tendenz zur einmaligen Fortpflanzung. Diese Merkmale zeigen kleine Arten, deren Individuen nur eine kurze Lebensdauer besitzen. Erklärt wird dies mit den Umweltbedingungen; denn Arten mit einem „schnellen" Leben bewohnen meist stark fluktuierende Lebensräume, in denen plötzliche Veränderungen auftreten, die die Sterblichkeit der Individuen erhöhen. Es besteht die Gefahr, dass sie sterben, bevor sie sich fortgepflanzt haben. Energie für weiteres Wachstum oder spätere Fortpflanzung zu sparen, stellt bei der hohen Sterblichkeit ein unkalkulierbar großes Risiko dar. Solche Arten besitzen eine hohe Wachstumsrate, sie verfolgen eine wachstumsorientierte Strategie (r-Strategie). Sie werden auch als r-selektiert bezeichnet.
- „Langsam" lebende Arten lassen sich Zeit mit Geschlechtsreife und Fortpflanzung, was sie auch können, weil sie eine lange Lebenszeit besitzen. Es handelt sich in der Regel um große Arten, deren Individuen spät im Leben größere, aber nur wenige Junge bekommen. Die Jungen sind meist stark von einer intensiven Brutpflege abhängig. Auch hierfür werden die Umwelt- und Lebensbedingungen als Erklärung herangezogen. „Langsam" lebende Arten besiedeln meist stabile Lebensräume mit einer hohen Populationsdichte, die sich einen hohen inter- und intraspezifischen Konkurrenzdruck auszeichnen. Eine große Körpergröße ist unter diesen Bedingungen von Vorteil. Die Populationsdichte solcher Arten liegt im Bereich der Umweltkapazität des besiedelten Lebensraums, weshalb man sagt, sie verfolgen eine K-Strategie, bzw. sind K-selektiert.

Die Bezeichnungen r und K sind Werte der logistischen Wachstumskurve, in der sich normalerweise das Populationswachstum darstellt. K bezeichnet dabei die Umweltkapazität, also die höchstmögliche Anzahl an Individuen, die in einer Umwelt leben können; r ist die Wachstumsrate der Population.

II. UE: Amphibien

II.2 Informationen zur Unterrichtspraxis

II.2.1 Einstiegsmöglichkeiten

Einstiegsmöglichkeiten	Medien
A.: Anknüpfung an eigene Erfahrungen mit der Krötenwanderung	
■ L gibt mit der Abbildung aus Material II./M 1 als Folienkopie einen Impuls für ein freies Gespräch der SuS über die Krötenwanderung. Die im Plenum vorhandenen Informationen werden zusammengetragen. Auch emotionale Beiträge sollten hier erlaubt sein. ▶ **Problematik:** Krötenwanderung, Amphibienschutz ■ Anschließend wird zur Systematisierung und Ergänzung der Informationen Material II./M 1 als Arbeitsblatt zur Bearbeitung in Einzelarbeit ausgegeben. In dieser Phase steht die Textarbeit (Informationsentnahme) im Zentrum. ■ Die erhaltenen Informationen werden im zweiten Teil der Plenumsdiskussion zunächst verglichen. Mit dem Einbringen von bekannten Gefahrenstellen in der Umgebung der SuS (Teilaufgabe b) ist bewusst die Frage nach dem eigenen Engagement der SuS verbunden.	■ Abbildung aus Material II./M 1 als Folienkopie, Arbeitsprojektor ■ Material II./M 1 (materialgebundene Aufgabe): Krötenwanderung
B.: Anknüpfung an einen Film über Krötenwanderung	
■ L zeigt einen Film über die Krötenwanderung. Die SuS erhalten den Auftrag, wichtige Informationen zu notieren. ▶ **Problem:** Krötenwanderung, Amphibienschutz ■ In der anschließenden Plenumsdiskussion werden die Informationen zusammengetragen. Die Teilaufgaben a) 1 bis 5 aus Material II./M 1 können dabei zur Systematisierung dienen. In dieser Diskussion sollten auch emotionale Äußerungen möglich sein. Ebenfalls könnte mit der Frage nach bekannten Gefahrenstellen in der Umgebung der SuS (Teilaufgabe b, Material II./M 1) das eigene Engagement der SuS aktiviert werden.	■ FWU-VHS-Video 4201638: Die Erdkröte – Laichwanderung und Schutz. Länge 13 Min. ■ Material II./M 1 (materialgebundene Aufgabe): Krötenwanderung (Aufgabenstellung)

II.2.2 Erarbeitungsmöglichkeiten

Erarbeitungsschritte	Medien
A./B.: 1. Fortpflanzung und Entwicklung	
■ Nachdem die Einstiegsdiskussion schon einige wesentliche Informationen zur Fortpflanzung und Entwicklung der Amphibien vermittelt bzw. aktualisiert hat, leitet L über zur weitergehenden Besprechung.	■ keine

II. UE: Amphibien

▶ **Problem:** Froschentwicklung ■ L zeigt einen Film über den Entwicklungszyklus eines Frosches. ■ Anschließend teilt L Material II./M 2 aus, das die SuS als „Beobachtungsprotokoll" bearbeiten. ■ Die folgende Besprechung der Entwicklung der Frösche im Plenum sollte deutlich das Kaulquappen-Stadium als eigenes, an das Wasser angepasstes Entwicklungsstadium vom landlebenden Frosch abheben, die beide durch die Metamorphose (Umwandlung von Wasser- zu Landlebewesen) verbunden sind.	■ zur Auswahl stehen: • FWU-DVD-Video 4602010: Amphibien. Länge 24 Min., f, 2002 • FWU-VHS-Video 4255061: Fortpflanzung und Entwicklung bei Wirbeltieren I. Länge 14 Min., f, 2000 • FWU-VHS-Video 4252290: Der Grasfrosch. Länge 25 Min. • VHS-Video 4201776: Der Grasfrosch. Länge 14 Min., f • DVD 4640939 und Video 4258151: Amphibien. Länge 18 Min., f, 2005 ■ Material II./M 2 (materialgebundene Aufgabe): Die Entwicklung der Frösche

Unterrichtliche Anmerkung: Die obige Vorgehensweise folgt dem grundlegenden biologischen Prinzip, von der Beobachtung auszugehen. Denkbar ist aber auch, dass die Beobachtung durch Material II./M2 vorbereitet wird.

■ Der Unterschied zwischen Kaulquappe und Frosch wird in der nächsten Stunde mit Material II./M 3 vertieft, das L in Einzelarbeit bearbeiten lässt. (Dies kann auch verkürzt werden, wenn das Arbeitsblatt als vorbereitende Hausaufgabe bearbeitet wird.) ▶ **Problem:** Spezialisierung von Kaulquappe und adultem Frosch (ökologische Einnischung) ■ Der geordnete Text wird verlesen und einige SuS erstellen den tabellarischen Vergleich an der Tafel. ■ fakultativ: L betont, dass die Metamorphose im Tierreich verbreitet ist, weil dadurch im Laufe des Lebens eines Individuums zwei verschiedene Lebensräume genutzt werden können. Zur Vertiefung zeigt er ein Video zum Thema.	■ Material II./M 3 (materialgebundene Aufgabe): Doppelte Angepasstheit ■ Tafel ■ FWU-VHS-Video 4254518: Metamorphose. Länge 23 Min., f

A./B.: 2. Formen und Verbreitung (inkl. Haut)

■ Zunächst erarbeiten die SuS auf der Grundlage ihres Alltagswissens eine basale morphologische Klassifikation der Amphibien. Hierzu teilt L Material II./M4 aus. ▶ **Problem:** Amphibienklassifikation (Erkennungsmerkmale) ■ Die SuS erarbeiten Arbeitsmaterial 1, Teilaufgabe a) in Partnerarbeit. ■ Die Ergebnisse werden anhand einer Folienkopie von Material II/M 4 im Plenum verglichen. ■ Anschließend bearbeiten die SuS in Partnerarbeit mithilfe des Biologiebuchs Arbeitsmaterial 1, Teilaufgabe b). ■ Das Ergebnis wird im Plenum besprochen.	■ Material II./M 4 (materialgebundene Aufgabe): Amphibien erkennen und finden ■ Material II./M 4 als Folienkopie, Arbeitsprojektor

■ L berichtet, dass oft mehrere Amphibienarten in einem Teich ablaichen. Die adulten Tiere sind meist schwer zu entdecken. Indirekt kann man sie aber an ihren verschiedenen Laichformen identifizieren. ▶ **Problematik:** Bestimmung von Laichformen ■ L gibt dazu Material II./M 5 als Arbeitsblatt aus. ■ Die SuS bearbeiten das Material in Partnerarbeit und nehmen, wo nötig, ihr Biologiebuch zu Hilfe. ■ Einige SuS präsentieren ihre Ergebnisse dem Plenum auf einer Folienkopie von Material II./M 5.	■ keine ■ Material II./M 5 (materialgebundene Aufgabe): Laichformen ■ Material II./M 5 als Folienkopie, Arbeitsprojektor
■ L weitet die Thematik aus und stellt die Frage, wo die adulten Tiere außerhalb der Laichzeit leben. Durch die Angepasstheit an ihre Umwelt kann auch diese zur indirekten Bestimmung dienen. L zeigt ein Video zur Thematik. ▶ **Problematik:** Lebensräume der einheimischen Amphibien (Bestimmung nach Lebensraum) ■ Die SuS bearbeiten in Material II./M 4 Arbeitsmaterial 2 in Partnerarbeit, um die wesentlichen Inhalte festzuhalten. ■ Zum Ergebnisvergleich stellen einige SuS ihre Lösungen zu Teilaufgabe a) anhand der vorhandenen Folienkopien vor. ■ L legt Wert darauf, dass in der Diskussion der Teilaufgabe b) die Unterschiede und die Gemeinsamkeiten der Umweltbedingungen deutlich herausgestellt werden. Auch die Anzahl der Nachkommen sollte einbezogen werden.	■ FWU-VHS-Video 4201176: Entwicklung bei Amphibien. Länge 22 Min., f ■ bereits vorhanden ■ bereits vorhanden
■ L verdeutlicht nochmals, dass die Umweltansprüche der Amphibien von der Beschaffenheit der Haut abhängen. ▶ **Problem:** Haut der Amphibien ■ Die SuS erhalten Material II./M 6 zur Vertiefung und bearbeiten zunächst die Teilaufgaben a) und b) in Stillarbeit. ■ Zur Kontrolle stellen einige SuS ihre Lösungen zu Teilaufgabe a) anhand von Material II./M 6 als Folienkopie vor. Zu Teilaufgabe b) werden einige Texte verlesen und besprochen. ■ Die Teilaufgaben c) bis e) dienen als Strukturierung einer abschließenden Diskussion zu dieser Teil-Unterrichtseinheit.	■ keine; evtl. kann zur Erarbeitung auch eingesetzt werden: FWU-VHS-Video 4202089: Die Tiere mit der Zauberhaut. Länge 20 Min., f ■ Material II./M 6 (materialgebundene Aufgabe): Die Haut der Amphibien – ein vielseitiges Organ ■ Material II./M 6 als Folienkopie, Arbeitsprojektor ■ bereits ausgegeben

II. UE: Amphibien

A./B.: 3. Körperbau und Fortbewegung	
■ L thematisiert die Fortbewegung der Amphibien und erinnert zunächst an das Sprungvermögen der Frösche.	■ keine; evtl. Ausschnitt aus VHS-Video 4201764 und FWU-DVD 4601036 und Online-DVD 5500059: Konzert am Tümpel. Länge 14 Min.
▶ **Problemfrage:** Warum können Frösche so weit springen?	■ AT 1: Ein Frosch beim Sprung
■ Anhand der Angaben zu Teilaufgabe a) aus Material II./M 7 lässt L rechnen und die SuS machen sich die Sprungstärke eines Frosches klar.	■ keine
■ Jetzt teilt L Material II./M 7 aus. Die SuS bearbeiten die Teilaufgaben b) und c) in Partnerarbeit schriftlich.	■ Material II./M 7 (materialgebundene Aufgabe): Springfrosch
■ Beim Vergleich der entstandenen Texte im Plenum achtet L auf genaue Beobachtung (die bei Bedarf anhand einer Folienkopie von Material II./M 7 überprüft wird) und deren schrift- bzw. fachsprachliche Umsetzung.	■ Material II./M 7 als Folienkopie, Arbeitsprojektor
■ Ein kurzes Unterrichtsgespräch klärt, wann ein Frosch sein Sprungvermögen einsetzt (Teilaufgabe d).	■ keine
■ L leitet über zur Besprechung der Fortbewegung bei Schwanzlurchen.	■ keine; evtl. Kapitel 2. Amphibien aus Online-DVD 5550530: Anpassungen an den Lebensraum Wasser. Länge 16 Min., f, 2006
▶ **Problemfrage:** Wie bewegt sich ein Molch?	
■ Die SuS nutzen entweder ihre eigenen Erfahrungen bei der Bewegung auf allen Vieren oder das im Film Gesehene, um Material II./M 8 mit einem Partner zu bearbeiten.	■ Material II./M 8 (materialgebundene Aufgabe): Laufmolch
■ Einige SuS ordnen die Abbildungen auf dem Arbeitsprojektor in der richtigen Reihenfolge an und beschreiben die Bewegung der Wirbelsäule.	■ Material II./M 8 als Folienkopie, Abbildungen ausgeschnitten, Arbeitsprojektor

A./B.: 4. Anatomie und Physiologie	

Unterrichtliche Anmerkung: Da eine Froschpräparation in der Schule nicht möglich ist, ist zu entscheiden, wie umfangreich man diesen Abschnitt der UE gestalten will. Denkbar ist, als Festigung lediglich eine Übersicht zu vermitteln (1). oder das Internet und den Informatikraum der Schule zu nutzen, um eine virtuelle Präparation nachzuvollziehen (2). Da es sich bei der empfohlenen Internet-Adresse um eine englischsprachige Website handelt, bietet sich eine Kooperation mit dem Englischlehrer der Klasse an.

▶ **Thema:** Innere Organe eines Frosches 1. Festigende Übersicht	
■ L verteilt Material II./M 9 zur Vertiefung der Kenntnisse über die inneren Organe von Wirbeltieren.	■ Frosch-Modell mit Übersicht über innere Organe zur Demonstration
■ Die SuS bearbeiten Material II./M 9.	■ Material II./M 9 (materialgebundene Aufgabe): Der Frosch – Innere Organe
■ Die SuS stellen ihre Ergebnisse mithilfe einer Folienkopie des Arbeitsmaterials vor.	■ Material II./M 9 als Folienkopie

II. UE: Amphibien

▶ **Thema:** Innere Organe eines Frosches 2. Virtuelle Präparation	■ Internet-Adresse: http://frog.edschool.virginia.edu
■ Die SuS vollziehen die virtuelle Präparation nach. Biologie- und Englischlehrer stehen zur Verfügung, um etwaige Fragen fachlicher oder sprachlicher Art zu klären. ■ In der nachfolgenden Stunde erhalten die SuS Material II./M 9 zur Festigung.	**Anmerkung:** *Unter dem Titel „Net Frog Dissection" (Version 2002) findet man eine gründliche Präparationsanleitung (8 Schritte) sowie eine Übersicht über die inneren Organe (19 Schritte). Außerdem gibt es die Möglichkeit zur Selbsterprobung sowie Zusatzinformationen und Quizfragen. Auch ein anspruchsvolles Glossar steht zur Verfügung.*
■ L leitet über zur Besprechung von Atmung und Kreislauf der Amphibien. ▶ **Problem:** Mundhöhlen- und Lungenatmung beim Frosch ■ Anhand von Material II./M 10 erarbeiten die SuS die Problematik. Die SuS werden aufgefordert, die Beschreibung mit Bleistift vorzunehmen. ■ Zur Kontrolle der Lösungen tauschen die SuS ihre Arbeitsblätter untereinander aus und korrigieren im Unterrichtsgespräch nach Anleitung des L etwaige Fehler der Tauschpartner. ***Begründung:*** *Die Sachverhalte werden so vertieft und die genaue Beschreibung von Abläufen trainiert.*	■ keine ■ Material II./M 10 (materialgebundene Aufgabe): Mundhöhlen- und Lungenatmung ■ keine; evtl. Tafel
■ L konfrontiert die SuS mit Beobachtung 1 und Versuch 1 aus Material 1 von Material II./M 12. ▶ **Problemfrage:** Womit könnten Frösche außer mit Mundhöhle und Lunge noch Sauerstoff aufnehmen? ■ In einem kurzen Unterrichtsgespräch wird klar: Frösche können direkt über die Haut atmen. ■ Genauere Details zur Hautatmung bei Amphibien erarbeiten die SuS in Partnerarbeit mit Material II./M 11. ■ Je zwei Paare setzen sich nun zusammen, vergleichen ihre Lösungen und diskutieren deren Richtigkeit. ***Begründung:*** *Die Aufgabenstellung ist recht anspruchsvoll. Die Konfrontation mit fremden Lösungsansätzen kann Denkanstöße bieten.* ■ Zum Abschluss werden die Ergebnisse im Plenum besprochen.	■ keine ■ keine ■ Material II./M 11 (materialgebundene Aufgabe): Hautatmung bei Amphibien ■ Material II./M 11 als Folienkopie, Arbeitsprojektor
■ Zur Vertiefung der Thematik „Hautatmung" teilt L Material II./M 12 aus, wovon Material 2 bis 4 in arbeitsteiliger Gruppenarbeit von den SuS bearbeitet wird. ▶ **Problem:** Anpassungsfähigkeit der Hautatmung ■ Vertreter der drei Gruppen tragen dem Plenum die Ergebnisse vor und beantworten evtl. Fragen.	■ Material II./M 12 (materialgebundene Aufgabe): Atmungsorgan Haut ■ keine; evtl. Material II./M 12 als Folienkopie, Arbeitsprojektor ■ Zur Vorstellung des Anden-Pfeiffrosches können zwei Videos im Internet dienen: http://www.arkive.org/lake-titicaca-frog/telmatobius-culeus/video-10.html

II. UE: Amphibien

■ Vor der Atmung leitet L über zur Verteilung des Sauerstoffs im Körper. ▶ **Problem:** Versorgung des Körpers mit Sauerstoff (Herz und Kreislauf) ■ L teilt Material II./M 13 aus. ■ Die SuS bearbeiten die Aufgaben in Partnerarbeit. ■ Zur Ergebniskontrolle präsentieren einige SuS ihr Ergebnis auf dem Arbeitsprojektor. Die Konsequenz der Versorgung des Körpers mit gemischtem Blut sollte deutlich herausgestellt werden (Teilaufgabe d).	■ keine ■ Material II./M 13 (materialgebundene Aufgabe): Herz und Kreislauf des Frosches ■ Material II./M 13 als Folienkopie, Arbeitsprojektor

Unterrichtliche Anmerkung: *An die Frage nach den Konsequenzen einer verminderten Sauerstoffversorgung kann der folgende Exkurs anschließen, der verdeutlicht, dass die negativen Folgen durch den Bau des Herzens nahezu ausgeglichen werden.*

■ L knüpft an die geringe Leistungsfähigkeit bei Versorgung mit gemischtem Blut an und weist darauf hin, dass das Froschherz den Nachteil weitgehend verhindert. ▶ **Problem:** Blutsorten-Trennung im Froschherz ■ Anhand von Material II./M 14 erarbeiten die SuS die tatsächliche Blutversorgung des Froschkörpers und erkennen, dass funktional eine Blutsorten-Trennung im Herzen vorliegt.	■ keine ■ Material II./M 14 (materialgebundene Aufgabe): Ein besonderes Herz
■ Zum Abschluss der UE und zur Festigung der Inhalte teilt L Material II./M 15 aus. ■ Als Hausaufgabe oder in Partnerarbeit bearbeiten die SuS das Rätsel. ■ In einem freien Unterrichtsgespräch werden die gefundenen Begriffe an der Tafel aufgelistet, erklärt und die damit verbundenen Inhalte wiederholt.	■ Material II./M 15 (materialgebundene Aufgabe): Rätselhafte Amphibien ■ Tafel

II. UE: Amphibien

| II./M 1 | Krötenwanderung | Materialgebundene AUFGABE |

Arbeitsmaterial:

Bufo bufo ist plump, schmutzig graubraun gefärbt, mit warziger Haut auf dem Rücken. Mancher Dame sträuben sich jetzt bestimmt schon die Nackenhaare. Igitt! „Krumm und kraus krieche Kröte" ließ schon Richard Wagner in seiner Oper »Das Rheingold« singen. Nein, fürwahr, die Erdkröte entspricht nicht unserem Schönheitsideal. Kein Wunder, daß sie nicht mal im Märchen dazu taugt, per Kuß zum Prinzen verwandelt zu werden. Das Glück hat nur ein hübscher Anverwandter namens Frosch. Aber man tut ihr unrecht, der armen Erdkröte. Sie ist nämlich äußerst nützlich: Schnecken und schädliche Insekten sind ihre Leibspeise. Deshalb ist sie geschützt. Und wenn sie auch unappetitlich ausschaut, so fühlt sie sich zumindest ganz gut an – glitschig ist sie nicht. Sagen Leute, die beherzt zupacken, wenn jetzt an Hunderten von Straßen der Frühjahrszug der Kriechtiere und Froschlurche zu ihren Laichgewässern im Gang ist.

Was die Tiere zu „ihrem" Teich treibt und leitet, ist bis heute nicht geklärt. Weil sich die Wanderwege aber oft mit Straßen kreuzen – allein in Bayern an über 200 Stellen –, kriechen die Kröten, Berg- und Teichmolche, hüpfen die Grasfrösche auf ihrem Hochzeitszug oft geradewegs in den Tod. Zu Tausenden werden sie überfahren. Ihre Kadaver verwandeln die Straßen in gefährliche Rutschbahnen, auf denen sich oft genug schwere Unfälle ereignen. Deshalb wurden seit einiger Zeit an vielen Stellen Schutzeinrichtungen gebaut: Plastik- und Holzzäune entlang den Straßen sollen verhindern, daß die paarungswilligen Kröten unter die Räder kommen. Wenn die Tiere dann entlang der Zäune nach einem Durchschlupf suchen, werden sie geradewegs zu Röhren geleitet, die unter der Straße durchführen. Das Problem: In vielen Fällen weigern sich die Kröten, durch die Röhre zu gehen. Warum, weiß keiner …

Bis der perfekte Krötentunnel gefunden ist, werden unzählige Krötenfreunde noch alle Hände voll zu tun haben. Sie sammeln die Tiere in Eimer und tragen sie über die Straßen zu ihren Laichgewässern. Wie beispielsweise die Familie Kämpf aus Forchheim. Wenn die Abende wärmer werden, wenn das Thermometer zur Dämmerung noch 5 Grad zeigt, wenn es feucht und regnerisch ist – dann ziehen Vater, Mutter, zwei Söhne und die Schwiegertochter die Gummistiefel an und greifen zu Eimer und Taschenlampe. Seit zehn Jahren machen sie das schon, alle Jahre etwa 3 Wochen lang von der Dämmerung bis kurz vor Mitternacht. An manchen Abenden, wenn es kräftig regnet und die Kröten zuhauf zur Nachwuchssicherung streben, tragen sie 700, 800 Tiere über die Straße. Hauptsächlich Erdkröten, denn die sind in Mengen vorhanden, aber auch ein paar Molche und Frösche. „Wenn man das eine Zeitlang gemacht hat, bekommt man sie richtig gern", erzählt Erna Kämpf. So ein Amphibien-Hochzeitszug ist beeindruckend. Halten Sie ruhig mal an und schauen Sie dem Schauspiel zu. Langsam fahren müssen Sie sowieso, schon in Ihrem eigenen Interesse. „Leider beachten viele Autofahrer nicht einmal die wenigen Schilder, die vor Kröten warnen", klagt Forscher Dexel. Er rät:

Hunderttausende von Amphibien wandern in diesen Nächten zu ihren Laichgewässern. Wenn Autofahrer in einen solchen Hochzeitszug geraten, kann es höchst gefährlich werden. Deshalb:

Fuß vom Gas der Liebe wegen

An manchen Stellen warnen Schilder vor der Gefahr durch Amphibien. Die Tiere sind auf der Straße gut zu erkennen. Die größeren Erdkröten-Weibchen tragen die Männchen huckepack zum Laichen. Findet ein Krötenmann keine Frau, umarmt er auch schon mal einen Karpfen – sein Klammerreflex ist schuld.

- Besonders vorsichtig sein im März bis Mitte April ab Einbruch der Dämmerung bis etwa Mitternacht; vor allem an warmen, regnerischen Abenden setzt die Massenwanderung ein.
- Aufpassen vor allem auf Straßen, die durch Wald führen und in deren Nähe ein Gewässer ist. Weniger Gefahr besteht bei flurbereinigten Wiesen und Feldern.
- Wenn Sie Amphibien sichten, Fuß vom Gas: Man kann den Tieren, wenn sie nicht gerade in Massen auftreten, ganz gut ausweichen (natürlich nur, wenn keine Gefahr für die übrigen Verkehrsteilnehmer besteht). Das gilt auch für den Rückzug nach dem Laichen, der bis Ende April dauert. Da marschieren die Tiere als Einzelgänger.
- Wenn Sie aber zu einer Massenwanderung kommen, hilft nur eines: einen Umweg fahren und die Polizei benachrichtigen (Notruf 110).

In einem Punkt können Autofahrer den Kröten allerdings nicht helfen: Auf ein Weibchen kommen drei Männchen. Und wenn die sich alle an das Weibchen klammern, dann stirbt das arme Tier den Liebestod: Es ertrinkt im Hochzeitsteich.

RG (ADAC motorwelt 4/1985, 77–78)

Aufgaben:

a) Lies den Zeitungsartikel sorgfältig durch und beantworte danach folgende Fragen:
   1. Wo leben erwachsene (adulte) Kröten?
   2. Wovon ernähren sich adulte Kröten?
   3. Zu welcher Zeit im Jahr finden Krötenwanderungen statt?
   4. Zu welcher Tageszeit wandern die Kröten zu ihren Laichtümpeln?
   5. Welche Wetterbedingungen bevorzugen die Kröten für ihre Wanderung?

b) Kennst du in deiner näheren Umgebung Stellen, wo Kröten auf ihrer Laichwanderung gefährdet sind? Berichte der Klasse darüber!

II. UE: Amphibien

| II./M 2 | Die Entwicklung der Frösche | Materialgebundene **AUFGABE** |

Arbeitsmaterial:

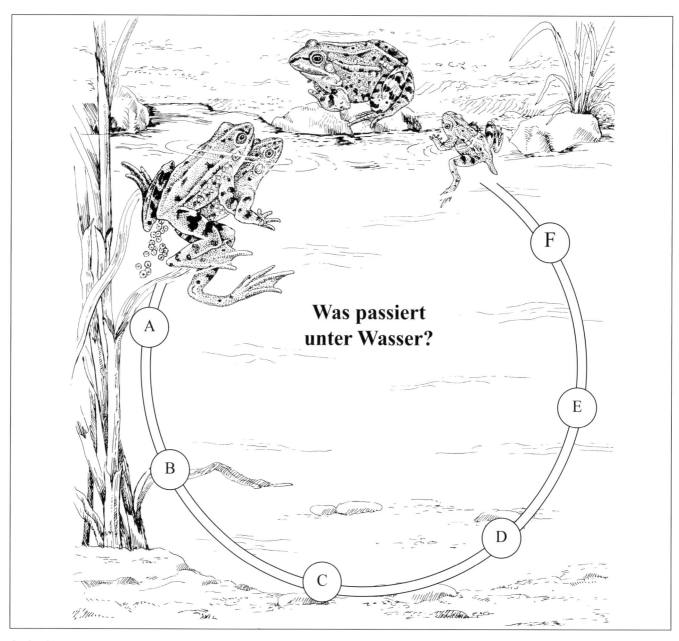

Aufgabe:

Vervollständige die Abbildung zur Entwicklung eines Frosches!
Schneide dazu die unten stehenden Abbildungen aus und klebe sie an der richtigen Stelle in das Entwicklungsschema ein!

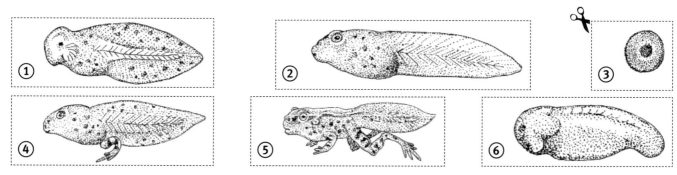

II. UE: Amphibien

| II./M 3 | Doppelte Angepasstheit | Materialgebundene AUFGABE |

Arbeitsmaterial:

Die Metamorphose ermöglicht die „Eroberung" eines zweiten Lebensraums im Laufe eines Amphibienlebens. Deshalb sind Kaulquappen und erwachsene Grasfrösche an ganz unterschiedliche Lebensräume angepasst. Der folgende Text gibt Auskunft über die verschiedenen Lebensweisen im Jugend- und Erwachsenenleben.

① Sie dienen zur Flucht vor Beutegreifern wie Störchen, Wasserspitzmäusen, Ringelnattern – oder anderen erwachsenen Fröschen.
② Sie besitzen einen Ruderschwanz mit einem breiten Flossensaum und können damit gut schwimmen.
③ Nach dem Ablaichen entwickeln sich aus den Eiern des Grasfrosches im Wasser des Herkunftstümpels die Kaulquappen.
④ Grasfrösche sind also Fleischfresser oder Carnivore.
⑤ Zur Atmung dienen jetzt Lungen, die allerdings nicht besonders leistungsfähig sind.
⑥ Kaulquappen sind durch Fressfeinde sehr gefährdet.
⑦ Hierbei wird ebenfalls die klebrige Schleuderzunge eingesetzt.
⑧ Um im Wasser zu atmen, besitzen die Kaulquappen Kiemen, die zuerst nach außen ausgestülpt sind und später nach innen verlagert werden.
⑨ Beispielsweise wenn er seine typischen Sprünge ausführt.
⑩ Viele fallen Teichmolchen, Libellenlarven, Stichlingen und anderen Räubern zum Opfer.
⑪ Nach der Metamorphose gehen die jungen Grasfrösche an Land.
⑫ Sie sind also Pflanzenfresser (Herbivore).
⑬ Die Kaulquappen ernähren sich von Algen, die sie mit ihrem Hornkiefer von Steinen abraspeln.
⑭ Ein Grasfrosch ermüdet recht leicht.
⑮ Auch Fliegen, Mücken, Würmer oder ähnliche Beutetiere werden mit einem Sprung erbeutet.

Aufgaben:

a) Leider ist der Text etwas durcheinander geraten. Ordne die Sätze in einer sinnvollen Reihenfolge!
   Zur Vorgehensweise: Markiere zunächst Sätze, die sich auf Kaulquappen bzw. erwachsene Frösche beziehen, in verschiedenen Farben! Ordne danach die Sätze in einer inhaltlich und grammatikalisch sinnvollen Reihenfolge!
b) Stelle in einer Tabelle die Angepasstheiten von erwachsenem Grasfrosch und Kaulquappe an ihre jeweiligen Lebensräume gegenüber.

II. UE: Amphibien

II./M 4	Amphibien erkennen und finden	Materialgebundene AUFGABE

Arbeitsmaterial 1:

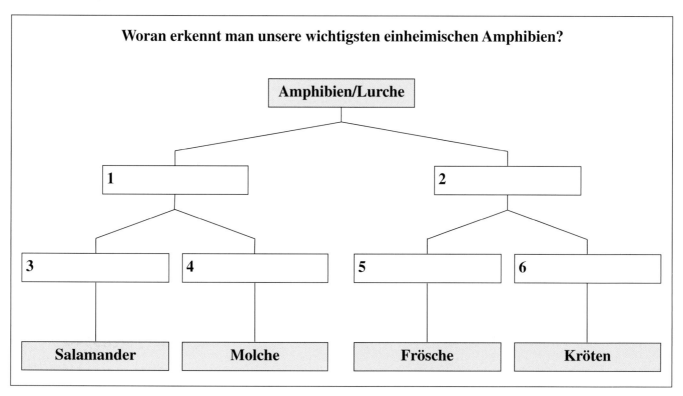

Aufgaben:

a) Trage die folgenden Aussagen zur Bestimmung der Amphibien oben in die richtigen Kästchen ein: *mit Schwanz, Haut glatt, Schwanz seitlich abgeplattet, ohne Schwanz, Schwanz rund, Haut warzig.*
b) Informiere dich über Unken. Wo sind sie in diesem System einzuordnen?

Arbeitsmaterial 2:

Wo leben unsere wichtigsten einheimischen Amphibien außerhalb der Laichzeit?				
Welches Amphibium lebt im Wald, auf Feldern und in Gärten?	A		1	Der **Grasfrosch** *(Rana temporaria)*
Welches Amphibium lebt im Frühjahr in Teichen und Tümpeln oder Gräben und Pfützen, im Sommer aber an Land?	B		2	Der **Feuersalamander** *(Salamandra salamandra)*
Welches Amphibium lebt auf dem Feld oder im Wald und überwintert im Bodenschlamm eines Tümpels oder Teiches?	C		3	Der **Teichmolch** *(Triturus vulgaris)*
Welches Amphibium lebt in feuchten Wäldern oder in Tälern mit Quellen, Bächen oder Tümpeln?	D		4	Die **Erdkröte** *(Bufo bufo)*

Aufgaben:

a) Ordne jedem Amphibium den entsprechenden Lebensraum zu, indem du die Lebensräume (Buchstaben) mit den Amphibienarten (Zahlen) durch einen Strich verbindest!
b) Welche Eigenschaften sind allen Lebensräumen von Amphibien gemeinsam?

II. UE: Amphibien

| II./M 5 | Laichformen | Materialgebundene AUFGABE |

Arbeitsmaterial:

Klaus hat bei einem Spaziergang im Frühjahr einen Teich entdeckt und ganz genau hingesehen. So hat er die unter A bis C wiedergegebenen Gelege von Amphibien (Lurchen) im Wasser entdeckt. Aber er weiß nicht, zu welchen Tieren sie gehören.

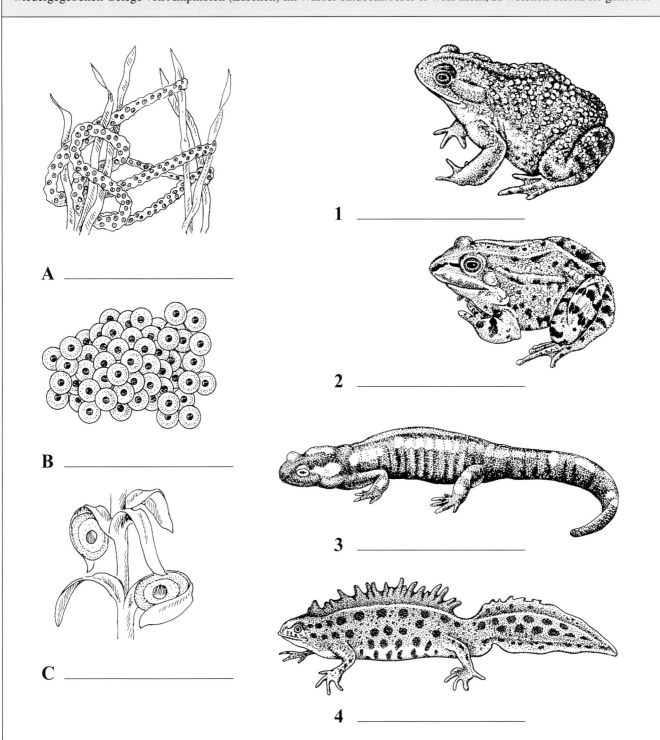

Aufgaben:

a) Ordne die folgenden Begriffe richtig zu:
   A bis C: *Eier, Laichballen, Laichschnüre;* 1 bis 4: *Molch, Frosch, Salamander, Kröte.*
b) Hilf Klaus bei der Zuordnung der Gelege zu den Tieren aus 1 bis 4!

II. UE: Amphibien

| II./M 6 | Die Haut der Amphibien – ein vielseitiges Organ | Materialgebundene AUFGABE |

Arbeitsmaterial:

Die Haut ist die äußere Begrenzung eines Organismus, über die er in direktem Kontakt mit seiner Umwelt steht. Um darin zu leben, muss die Haut den Bedingungen in der Umwelt des Organismus entsprechen. Man spricht von Angepasstheit.

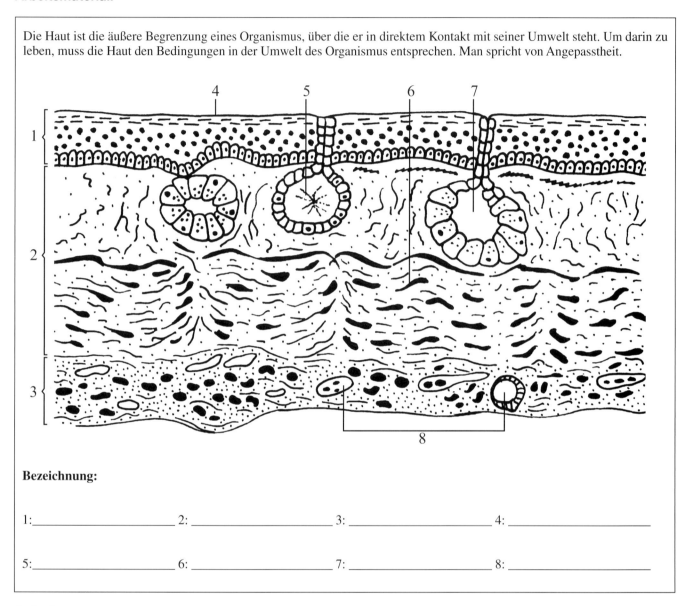

Bezeichnung:

1:_____ 2:_____ 3:_____ 4:_____

5:_____ 6:_____ 7:_____ 8:_____

Aufgaben:

a) Beschrifte die Abbildung, indem du die folgenden Begriffe den Nummerierungen zuordnest: *Oberhaut, Hornschicht, Schleimdrüse, Pigmentzelle, Giftdrüse, Unterhaut, Lederhaut, Blutgefäße!*
b) Beschreibe kurz den Bau der Amphibienhaut und stelle einen Bezug zu Lebensraum und Lebensweise der Amphibien her!
c) Welche Funktion haben die Schleimdrüsen in der Haut der Amphibien?
d) Welche beiden Funktionen erfüllen die verschiedenen, meist leichten Gifte, die durch die Giftdrüsen ausgeschieden werden? *Hilfsfrage (für eine Funktion): Welche Aufgabe hat der „Säureschutzmantel" der menschlichen Haut?*
e) Erläutere die biologische Funktion der auffälligen Färbung vieler Lurche!

II. UE: Amphibien

II./M 7	Springfrosch	Materialgebundene AUFGABE

Arbeitsmaterial:

Abbildung 1

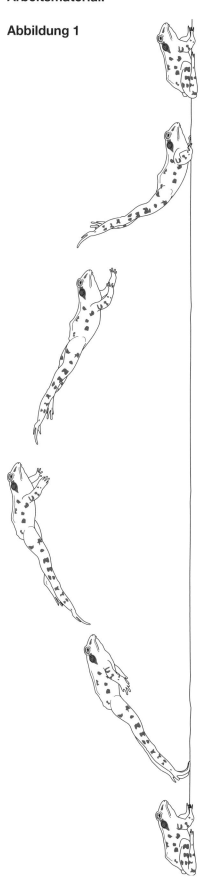

Abbildung 2

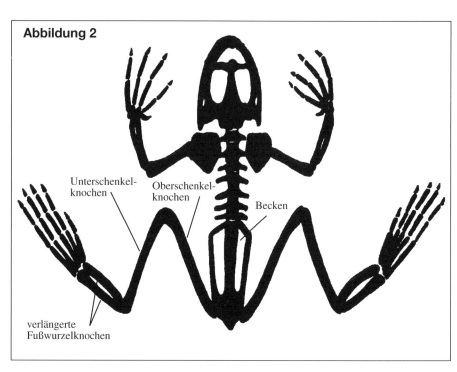

Frösche sind gute Springer. Besonders der Wasserfrosch und der Grasfrosch zeichnen sich hier aus. Der Grasfrosch – unser häufigster einheimischer Frosch – schafft bei einer Körperlänge von fast 10 cm eine Weite von bis zu 1 m!

Aufgaben:

a) Wie weit müsstest du (aus dem Stand!) springen können, wenn du die gleiche „Sprungstärke" hättest?
b) Beschreibe den Verlauf eines Sprungs anhand von Abbildung 1!
c) Erkläre das große Sprungvermögen der Frösche mithilfe des abgebildeten Froschskeletts (Abbildung 2)! Achte besonders auf die Länge der Knochen und die Anzahl der Gelenke der Hinterbeine; vergleiche dazu mit dem menschlichen Knochenbau!
d) Zu welchen beiden „Hauptzwecken" setzen die Frösche ihr enormes Sprungvermögen ein?
e) Wie bewegt sich ein Frosch langsam fort? Beobachte in einem Film oder im Zoo einen Frosch oder eine Kröte hierbei! Vergleiche dies mit der Fortbewegung eines Molchs!

II. UE: Amphibien

| II./M 8 | Laufmolch | Materialgebundene AUFGABE |

Arbeitsmaterial:

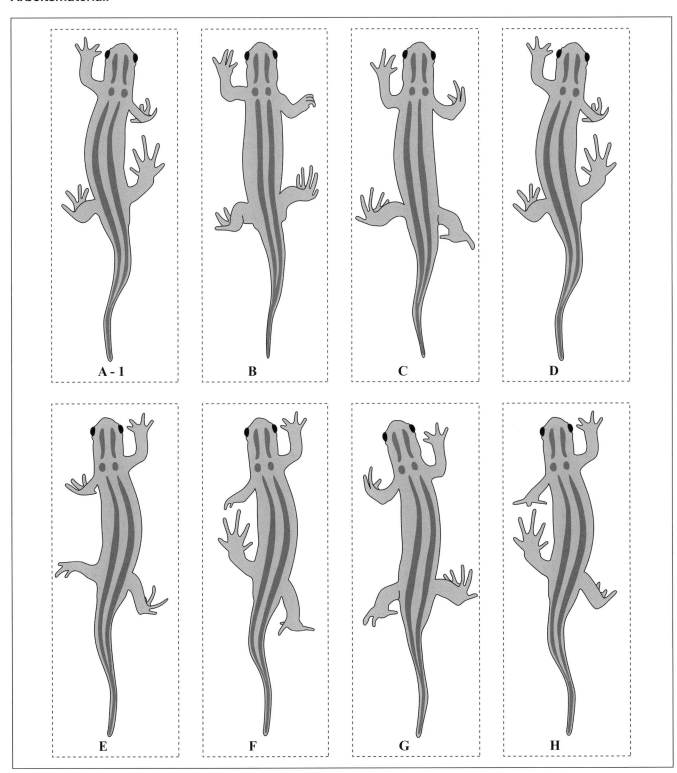

Aufgaben:
a) Ordne die Abbildungen in der richtigen Reihenfolge!
b) Beschreibe die Abfolge der Bewegungen der Extremitäten!
   Hilfen: 1) Beobachte deine eigene Fortbewegung auf allen Vieren!
             2) Schneide die Abbildungen aus und klebe sie in der richtigen Reihenfolge in dein Heft!
c) Was passiert mit der Wirbelsäule während der Fortbewegung?

II./M 9	Der Frosch – Innere Organe	Materialgebundene AUFGABE

Arbeitsmaterial:

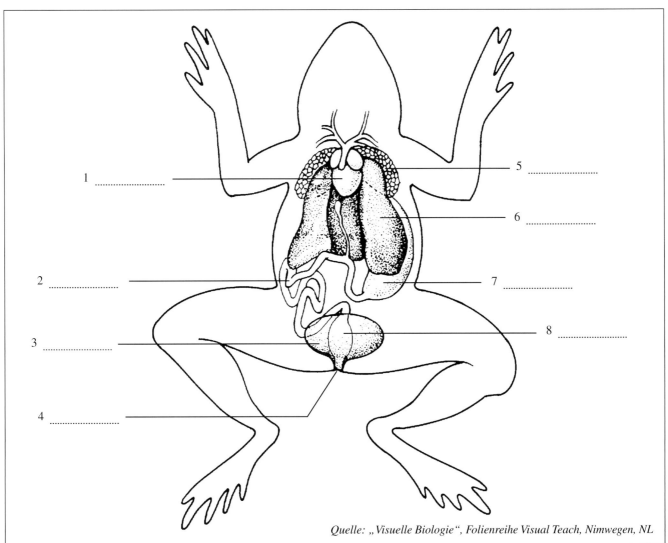

Quelle: „Visuelle Biologie", Folienreihe Visual Teach, Nimwegen, NL

Organ	Funktion
1	
2	
3	
4	
5	
6	
7	
8	

Aufgaben:
a) Beschrifte die Abbildung!
b) Gib zu jedem Organ seine Funktion an!

II. UE: Amphibien

II./M 10	Mundhöhlen- und Lungenatmung	Materialgebundene AUFGABE

Arbeitsmaterial:

	Beschreibung der Phasen
① (Mundhöhle, Lunge)	①
②	②
③	③
④	④
⑤	⑤

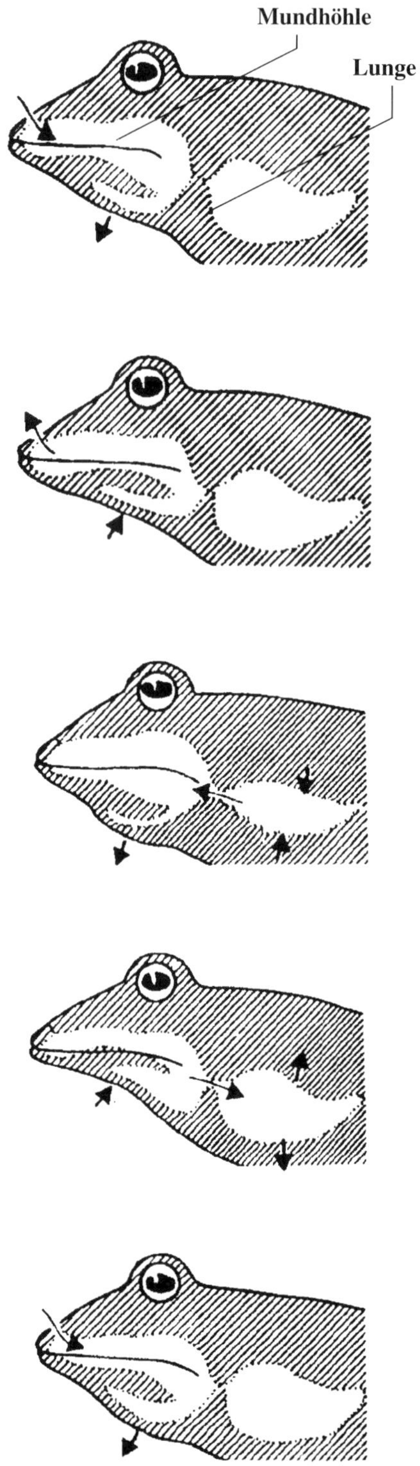

Quelle: Ulrich; Physiologie, S. 69

Aufgaben:

b) Beschreibe die einzelnen Phasen der Mundhöhlen- und Lungenatmung beim Frosch anhand der Abbildungen 1 bis 5!
b) Welche Phasen gehören zur Mundhöhlenatmung, welche zur Lungenatmung?

| II./M 11 | Hautatmung bei Amphibien | Materialgebundene AUFGABE |

II. UE: Amphibien

Arbeitsmaterial:

Nicht nur Lungen oder Kiemen sind bei vielen Lebewesen wichtige Atmungsorgane, sondern auch die Haut. Der Gaswechsel über die Haut ist im Tierreich weit verbreitet. Viele Wirbellose, aber auch viele Wirbeltiere atmen über die Haut. Am stärksten ausgeprägt ist die Hautatmung bei den Amphibien.

	Anteil (in %) des über die Haut aufgenommenen	
	Sauerstoffs	Kohlenstoffdioxids
Tigerquerzahnmolch (*Ambystoma tigrinum*)	30	0
Gefleckter Furchenmolch (*Necturus maculosus*)	31	32
Ochsenfrosch (Larve) (*Rana catesbelana*)	68	58
Ochsenfrosch (erwachsen) (*Rana catesbelana*)	21	80
Schlammteufel (*Cryptobranchus alleganiensis*)	89	97
Eschscholtz-Salamander (*Ensatina eschscholtzii*)	100	100

Aufgaben:

a) Werte die Tabelle sorgfältig aus und formuliere die Aussagen in eigenen Worten!
b) Welche Eigenschaften der Amphibien-Haut fördern einen effektiven Gasaustausch? Welche Gefahr ist damit für diese Tiere verbunden?
c) Wie kannst du dir den großen Unterschied zwischen Sauerstoff-Aufnahme und Kohlenstoffdioxid-Abgabe über die Haut beim erwachsenen Ochsenfrosch erklären?
d) Wovon hängt das Ausmaß der Atmung über die Haut wesentlich ab? Wodurch könnte die Hautatmung erhöht werden?

II. UE: Amphibien

| II./M 12 | Atmungsorgan Haut | Materialgebundene AUFGABE |

Arbeitsmaterial:

Material 1: Beobachtung 1
Der Grasfrosch gräbt sich zum Überwintern in den Bodenschlamm von Tümpeln ein.
Im Frühjahr, wenn die Temperaturen ansteigen, wird er wieder aktiv und beginnt eine neue Fortpflanzungsperiode.

Versuch 1
Kühlt man einen Frosch langsam ab, so stellt man schon ab 10 °C keine Atemzüge mehr fest. Der Frosch friert bei weiterer Abkühlung im Eis ein. Das Herz schlägt dann noch ein- bis zweimal pro Minute. Taut man den Frosch langsam wieder auf, erwacht er zu neuem Leben.

Aufgabe: Welche dritte Möglichkeit neben der Mundhöhlen- und der Lungenatmung ist für den Gasaustausch (Atmung) unter diesen Bedingungen denkbar?

Material 2: Versuch 2
Ein Frosch wird in eine wassergefüllte Kammer getaucht. Die Wasseroberfläche bedeckt ein wasserdichter Ölfilm. Nur die Nasenöffnungen des Frosches reichen über die Oberfläche des Wasser hinaus.
Im Versuch wird die Sauerstoffabnahme im Wasser gemessen, einmal in ruhigem und einmal in durch einen Rührfisch bewegten Wasser.

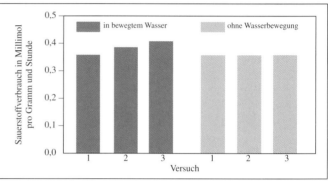

Aufgaben: a) Formuliere die Versuchsergebnisse in eigenen Worten!
b) Erkläre die Versuchsergebnisse!

Material 3: Beobachtung 2
In Versuch 2 werden auch die Kapillaren (Haargefäße) in den Schwimmhäuten der Füße mit dem Mikroskop untersucht. Blutgefüllte Gefäße auf einer vorgegebenen Messlinie im Okular sind in der Abbildung dunkel dargestellt. Diese werden in ruhigem und in bewegtem Wasser ausgezählt.

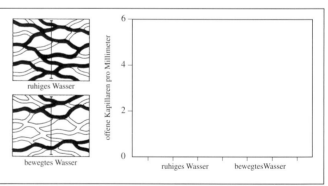

Aufgaben: a) Stelle die Anzahl der offenen Kapillaren auf der Messstrecke jeweils als Säule im nebenstehenden Koordinatensystem dar!
b) Erkläre die unterschiedliche Durchblutung der Haut in ruhigem und bewegtem Wasser!

Material 4: Beobachtung 3
A) Der Anden-Pfeiffrosch (links) lebt im Titicaca-See in großer Tiefe und hat auf seiner Körperoberfläche überhängende Hautlappen ausgebildet. Er verzichtet völlig auf Lungenatmung und atmet allein über die Haut.
B) Die männlichen Haarfrösche (rechts) bilden während der Paarungszeit an den Seiten und den Oberschenkeln Hautpapillen aus, die wie Haare aussehen. In der Paarungszeit, in der sie um Weibchen kämpfen, sind die Männchen der Haarfrösche sehr aktiv und verbrauchen viel Energie.

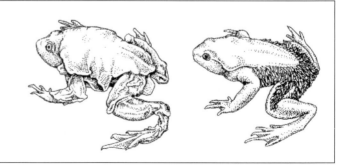

Aufgabe: Erkläre die Beobachtungen 3 A und B!

II. UE: Amphibien

| II./M 13 | Herz und Kreislauf des Frosches | Materialgebundene AUFGABE |

Arbeitsmaterial:

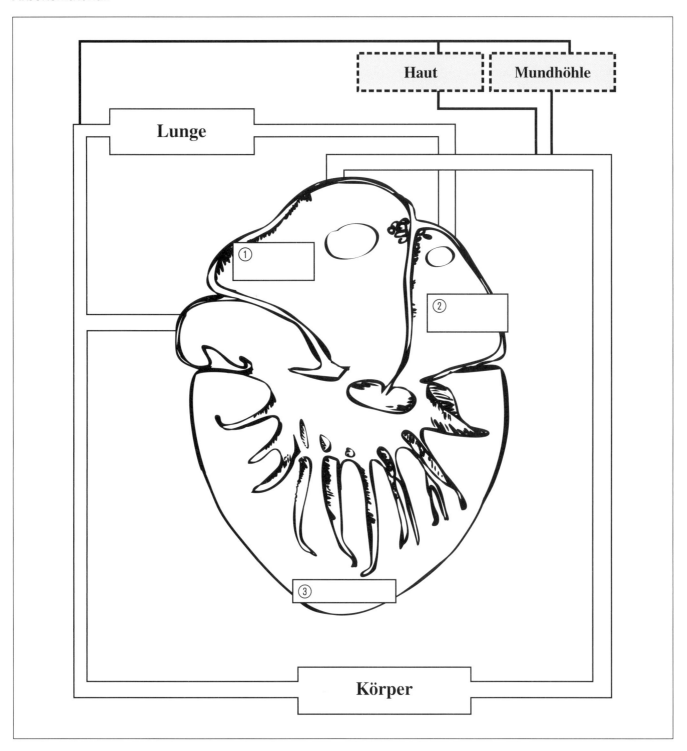

Aufgaben:

a) Beschrifte die Bestandteile des Herzens (1–3)!
b) Bestimme die Richtung von Körper- und Lungenkreislauf! In welchem Teil des Herzens treten die Körpervenen und die Lungenvenen ein? *(Denke an das menschliche Herz!)*
c) Markiere farbig, welche Blutsorten sich in den verschiedenen Bereichen von Herz und Kreislauf befinden (*sauerstoffreich:* rot, *sauerstoffarm:* blau, *gemischt:* lila)!
d) Welchen Sauerstoffgehalt hat das Blut, das die Organe des Körpers versorgt? Welcher Nachteil ist damit verbunden?

II. UE: Amphibien

| II./M 14 | Ein besonderes Herz | Materialgebundene AUFGABE |

Arbeitsmaterial:

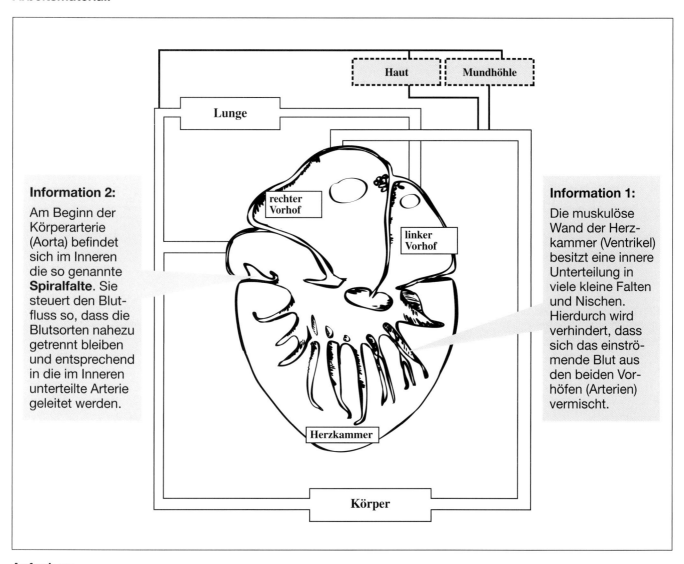

Information 2:
Am Beginn der Körperarterie (Aorta) befindet sich im Inneren die so genannte **Spiralfalte**. Sie steuert den Blutfluss so, dass die Blutsorten nahezu getrennt bleiben und entsprechend in die im Inneren unterteilte Arterie geleitet werden.

Information 1:
Die muskulöse Wand der Herzkammer (Ventrikel) besitzt eine innere Unterteilung in viele kleine Falten und Nischen. Hierdurch wird verhindert, dass sich das einströmende Blut aus den beiden Vorhöfen (Arterien) vermischt.

Aufgaben:

a) Markiere durch Pfeile den Blutfluss in Kreislauf und Herz des Frosches unter Berücksichtigung der neuen Informationen (*sauerstoffreich:* rot, *sauerstoffarm:* blau, *gemischt:* lila)!
b) Welche Veränderungen in der Blutversorgung ergeben sich aus den Informationen 1 und 2 im Vergleich zur vereinfachten Darstellung in Material III./M 13 „Herz und Kreislauf des Frosches"?
c) Welche Vorteile für den Organismus folgen daraus?

II. UE: Amphibien

| II./M 15 | Rätselhafte Amphibien | Materialgebundene AUFGABE |

Arbeitsmaterial:

Das Schwedenrätsel enthält 24 Begriffe zum Thema „Amphibien".

Aufgaben:

a) Suche die Begriffe in den Zeilen und in den Spalten (Ö = OE)!
b) Erläutere die gefundenen Begriffe!

II. UE: Amphibien

II.2.3 Lösungshinweise

II./M 1 — Krötenwanderung

a) 1. Der Lebensraum der adulten Kröten ist der Wald. 2. Die Kröten ernähren sich von Schnecken und schädlichen Insekten. 3. Die Krötenwanderung findet im Frühjahr (März bis Mitte April) statt. 4. Die Kröten wandern abends, vom Einbruch der Dunkelheit bis Mitternacht. 5. Bevorzugte Wetterbedingungen für die Krötenwanderung sind Feuchtigkeit und Regen bei relativ hohen Temperaturen (über 5 °C).

II./M 2 — Die Entwicklung der Frösche

Einzukleben ist an Stelle X Abbildung Y: A–3; B–6; C–1; D–2; E–4; F–5.

II./M 3 — Doppelte Angepasstheit

a) Es sind in der Themenfolge unterschiedliche Lösungen möglich. Ein Beispiel:
Nach dem Ablaichen entwickeln sich aus den Eiern des Grasfrosches im Wasser des Herkunftstümpels die Kaulquappen. Sie besitzen einen Ruderschwanz mit einem breiten Flossensaum und können damit gut schwimmen. Um im Wasser zu atmen, besitzen die Kaulquappen Kiemen, die zuerst nach außen ausgestülpt sind und später nach innen verlagert werden. Die Kaulquappen ernähren sich von Algen, die sie mit ihrem Hornkiefer von Steinen abraspeln. Sie sind also Pflanzenfresser (Herbivore).
Kaulquappen sind durch Fressfeinde sehr gefährdet. Viele fallen Teichmolchen, Libellenlarven, Stichlingen und anderen Räubern zum Opfer.
Nach der Metamorphose gehen die jungen Grasfrösche an Land. Zur Atmung dienen jetzt Lungen, die allerdings nicht besonders leistungsfähig sind. Ein Grasfrosch ermüdet recht leicht. Beispielsweise wenn er seine typischen Sprünge ausführt. Sie dienen zur Flucht vor Beutegreifern wie Störchen, Wasserspitzmäusen, Ringelnattern – oder anderen erwachsenen Fröschen. Auch Fliegen, Mücken, Würmer oder ähnliche Beutetiere werden mit einem Sprung erbeutet, wobei die klebrige Schleuderzunge eingesetzt wird. Grasfrösche sind also Fleischfresser oder Carnivore.

b)

	Kaulquappe	Frosch
Lebensraum	Teich (Wasser)	Land
Fortbewegung	Ruderschwanz mit Flossensaum zum Schwimmen	Sprünge
Atmung	Kiemen	Lungen
Ernährung	Algen (Pflanzenfresser, Herbivore), Hornkiefer	Fliegen, Mücken, Würmer (Fleischfresser, Carnivore), Schleuderzunge

II./M 4 — Amphibien erkennen und finden

Arbeitsmaterial 1:
a) 1: *mit Schwanz;* 2: *ohne Schwanz;* 3: *Schwanz rund;* 4: *Schwanz seitlich abgeplattet;* 5: *Haut glatt;* 6: *Haut warzig.*
b) Unken gehören zu den Amphibien ohne Schwanz (Anuren), also zu Fröschen und Kröten. Sie sind den Kröten näher, denn sie besitzen eine warzige Haut mit Giftdrüsen.

Arbeitsmaterial 2:
a) A–4; B–3; C–1; D–2
b) Die Lebensräume aller (einheimischen) Amphibien sind feucht bis nass, schattig bis dunkel und kühl. Amphibien besitzen eine dünne, feuchte Haut, die in einem anderen Lebensraum austrocknen würde.

II./M 5 — Laichformen

a) A – Laichschnüre; B – Laichballen; C – Eier; 1 – Kröte; 2 – Frosch; 3 – Salamander; 4 – Molch
b) Kröten befestigen ihre Eier in Form von Laichschnüren an Unterwasserpflanzen (A – 1). Laichballen sind typisch für Frösche (B – 2). Molche kleben einzelne Eier an Wasserpflanzen (C – 4). Salamander bringen lebende Junge zur Welt.

II./M 6 — Die Haut der Amphibien – ein vielseitiges Organ

a) 1: Oberhaut *(Epidermis)*; 2: Lederhaut *(Dermis)*; 3: Unterhaut *(Subcutis)*; 4: Hornschicht; 5: Schleimdrüse; 6: Pigmentzelle; 7: Giftdrüse; 8: Blutgefäß
b) Die Epidermis trägt nur eine dünne Hornschicht. In die darunter liegende Lederhaut sind im oberen Teil zahlreiche Schleim- und Giftdrüsen eingelagert, die über ihre Ausscheidungen die Oberfläche feucht halten. Im unteren Teil enthält die Lederhaut Pigmentzellen, die die Färbung bewirken. In die dritte Hautschicht, die Unterhaut, sind zahlreiche Blutgefäße eingebettet, die bei der Hautatmung eine wichtige Rolle spielen. Sie sind auf kühle und feuchte Lebensräume angewiesen, um nicht auszutrocknen und zu sterben.
c) Die Schleimdrüsen halten die Haut der Amphibien feucht.
d) Die Gifte dienen zum einen der Abwehr von Fressfeinden, zum anderen der Bekämpfung von Krankheitserregern (Bakterien, Pilze; wie der „Säureschutzmantel" der menschlichen Haut).
e) Es handelt sich um Warnfärbungen, durch die Fressfeinde abgeschreckt werden sollen.

II./M 7 — Springfrosch

a) Der Frosch springt rund zehn Mal so weit wie seine Körperlänge beträgt. Bei einem Kind von 1,40 m Körpergröße bedeutete das eine Sprungweite von 14 m!
b) Zum Absprung streckt der sitzende Frosch plötzlich die unter dem Körper angelegten Hinterextremitäten. Dadurch wird der Körper auf den aufwärts gerichteten Teil seiner Flugbahn katapultiert. Die Vorderbeine sind hierbei rückwärts an den Körper angelegt. Auf dem Höhepunkt der Flugparabel knickt der Frosch den Körper im Kreuzgelenk etwas ein und führt die Vorderextremitäten nach vorne. Auf der abwärts gerichtete Flugbahn ist der Körper gestreckt, die Extre-

mitäten zeigen nach hinten bzw. vorn. Der Kopf ist etwas angehoben. Die Landung erfolgt auf den vorgestreckten Vorderextremitäten, die angewinkelt werden, um das Gewicht abzufangen. Die im Flug gestreckten Hinterbeine werden unter dem Körper angelegt. Der Frosch sitzt.

b) Das große Sprungvermögen eines Frosches ergibt sich aus dem besonderen Bau der Hinterbeine. Im Vergleich zu den Vorderbeinen sind Ober- und Unterschenkel deutlich verlängert. Dazu kommen die Reduktion der Fußwurzel auf zwei verlängerte Knochen und sehr lange Zehenglieder. Mit dem Sprunggelenk zwischen Fußwurzel und Zehen besitzt das Froschbein ein zusätzliches Gelenk. Diese Besonderheiten im Bau der Hinterbeine führen zu einer erheblich verbesserten Hebelwirkung, mit der sich der Frosch vom Boden abstoßen kann.

d) Die Frösche springen zum Beutefang und bei der Flucht vor einem Beutegreifer.

e) Bei langsamer Bewegung zeigt der Frosch die typische, vorne und hinten diagonal versetzte Extremitäten-Koordination aller Landwirbeltiere, vgl. Molch.

II./M 8 Laufmolch

a) A–1; B–2; G–3; E–4; H–5; F–6; C–7; D–8
b) Die Stellung der Extremitäten ist diagonal zueinander versetzt: Linke Vorderextremität vorn, rechte hinten; rechte Hinterextremität vorn, linke hinten. Im Verlauf der Bewegung wird nun die rechte Vorderextremität nach vorn geführt und gleich anschließend die linke Hinterextremität. Es folgt nun die linke vordere Extremität und leicht zeitverzögert die rechte hintere. Nahezu gleichzeitig bewegen sich also die Extremitäten rechts vorn und links hinten sowie links vorn und rechts hinten.
c) Die Wirbelsäule lenkt während der Bewegung S-förmig seitlich aus (Schlängelbewegung).

II./M 9 Der Frosch – innere Organe

a) 1 – Herz; 2 – (Dünn-)Darm; 3 – Blase; 4 – Kloake; 5 – Lunge; 6 – Leber; 7 – Magen; 8 – Dickdarm
b) *Herz* – Antrieb des Blutkreislaufs, pumpt das Blut durch die Gefäße; *Leber* – Speicherung von Nährstoffen, Entgiftung, Hilfsfunktion bei der Verdauung (Fette); *Darm* – Verdauung der Nahrung, Aufnahme in den Körper (Resorption); *Blase* – Speicherung des Urins; *Kloake* – Öffnung zum Austritt von Urin und Kot; *Lunge* – Atmungsorgan, Aufnahme von Sauerstoff aus der Luft, Abgabe von Kohlendioxid; *Magen* – Verdauung der Nahrung; *Dickdarm* – Rückresorption von Wasser, Kotverdichtung.

II./M 10 Mundhöhlen- und Lungenatmung

a) Phase 1: Senken des Mundbodens bei geöffneten Nasenlöchern, damit strömt die Luft in die Mundhöhle (Einatmen). Der Eingang zur Lunge ist geschlossen. Phase 2: Heben des Mundbodens bei offenen Nasenlöchern: Ausatmung. Phase 3: Zurückdrücken der verbrauchten Luft aus der Lunge in die Mundhöhle. Vermischung mit der sauerstoffreichen Mundhöhlenluft. Phase 4: Heben des Mundbodens bei geschlossenen Nasenlöchern, damit Einströmen der angereicherten Luft in die Lunge („schlucken"). Die Phasen 1 und 2 können ebenso wie die Phasen 3 und 4 mehrfach hintereinander wiederholt werden. Phase 4: Austausch der verbrauchten Luft in der Mundhöhle. Vgl. unter Phase 1.

b) Zur Mundhöhlenatmung gehören die Phasen 1 und 2; zur Lungenatmung die Phasen 3 und 4.

II./M 11 Hautatmung bei Amphibien

a) Die Abbildung zeigt, dass die Hautatmung bei Amphibien eine große Bedeutung hat. Sie liegt zwischen knapp einem Drittel und 100 % des gesamten Gasaustausches. Dabei sind Molche am wenigsten auf Hautatmung spezialisiert, während einzelne Salamander ausschließlich über die Haut atmen. Die Werte für Frösche (Anuren) liegen im mittleren Bereich. Im Vergleich von O_2-Aufnahme und CO_2-Abgabe zeigt sich bei den vier verwertbaren Angaben, dass bei der CO_2-Abgabe in drei Fällen der Anteil der Hautatmung höher liegt als bei der O_2-Aufnahme. Insbesondere beim Frosch dient die Haut hauptsächlich der CO_2-Abgabe, während es als Ausnahme bei der Kaulquappe umgekehrt ist. Dies dürfte mit der Kiemenatmung sowie der Verstärkung der Hautatmung durch den Flossensaum zusammenhängen.

b) Der Gasaustausch wird dadurch ermöglicht, dass die Haut der Amphibien dünn und feucht ist. Dadurch sind die Tiere leicht verletzbar und in Gefahr auszutrocknen.

c) Die Gasdiffusion hängt von dem Konzentrationsgefälle zwischen Atemmedium (Luft, Wasser) und Blut ab. Das Blut der Haut wird durch die Sauerstoffaufnahme in der Lunge angereichert. Dadurch ist das Konzentrationsgefälle und damit die O_2-Aufnahme ins Blut relativ gering. Der Kohlenstoffdioxid-Gehalt der Luft ist mit 0,03 % sehr niedrig. Der CO_2-Gehalt im Blut ist deshalb meist viel höher, sodass die CO_2-Diffusion verstärkt abläuft.

d) Die Hautatmung hängt von der Größe der Körperoberfläche ab. Sie könnte durch die Vergrößerung der resorbierenden Oberfläche gesteigert werden, beispielsweise durch Körperanhänge o. Ä. Man denke an den Flossensaum der Kaulquappen. (Vgl. auch Material 4/M 12)

II./M 12 Atmungsorgan Haut

Material 1:
a) Es ist an den Gasaustausch über die feuchte Haut der gesamten Körperoberfläche zu denken (Hautatmung).

Material 2:
a) Versuch 1: Der Ölfilm auf dem Wasser verhindert den Gasaustausch mit der Luft. Der Frosch kann über die Lunge atmen, was aber für den Versuch irrelevant ist. Die Sauerstoffabnahme im Wasser ist ein direktes Maß für die O_2-Aufnahme über die Haut. In bewegtem Wasser liegen die Werte der Sauerstoffabnahme mit 0,35 bis 0,4 mmol/g·h deutlich über den Werten in ruhigem Wasser. Die Hautatmung ist also in bewegtem Wasser höher als in ruhigem.

b) Erklärung: In bewegtem Wasser wird der ins Blut diffundierte Sauerstoff an der Oberfläche der Haut sofort wieder ersetzt, das Konzentrationsgefälle von

II. UE: Amphibien

außen nach innen bleibt in seiner Höhe gleich. In ruhigem Wasser sinkt es durch die Aufnahme des Sauerstoffs und die Diffusionsgeschwindigkeit sinkt.

Material 3:
a) Die linken Abbildungen zeigen, dass in ruhigem Wasser auf der Messstrecke sechs Kapillaren in den Schwimmhäuten durchblutet sind. In bewegtem Wasser sind es nur 4. Dies ist im Balkendiagramm darzustellen.
b) Erklärung: Die verlangsamte Diffusion durch die Abnahme der O_2-Konzentration direkt über der Haut bei ruhigem Wasser soll durch mehr aufnehmende Blutgefäße und damit eine größere Fläche für die Hautatmung ausgeglichen werden.

Material 4:
a) Beobachtungen 3 A: Beim dauerhaften Aufenthalt in großen Wassertiefen ist die Lunge funktionslos. Das in der Tiefe kalte Wasser hat eine höhere Sauerstoffkapazität als das Oberflächenwasser, sodass die Hautatmung effizienter ablaufen dürfte. Man darf aber vermuten, dass die Tiere wenig aktiv sind, um den Sauerstoffbedarf des Stoffwechsels gering zu halten. Unter diesen Bedingungen reicht offenbar die Vergrößerung der Hautfläche aus, um allein durch Hautatmung den Gaswechsel sicher zu stellen.
Beobachtungen 3 B: Der erhöhte Sauerstoffbedarf während der Paarungszeit wird über eine verstärkte Hautatmung befriedigt. Hierzu dient die Oberflächenvergrößerung durch die Ausbildung der Papillen.

II./M 13 Herz und Kreislauf des Frosches
a) 1: rechter Vorhof (Atrium); 2: linker Vorhof; 3: Herzkammer (Ventrikel)
b) Die Körper- und Lungenvenen münden immer in die Vorhöfe des Herzens. Das Blut gelangt also von der Lunge in den linken, vom Körper aus in den rechten Vorhof. Aus den Vorhöfen fließt das Blut in die Herzkammer (Ventrikel). Von hier tritt es über die Arterie aus und gelangt zum Körper und zur Lunge.
c) Von der Lunge gelangt O_2-reiches Blut *(rot)* in den linken Vorhof. In den rechten Vorhof gelangt das O_2-arme Blut aus dem Körper, das aber durch den Zufluss O_2-reichen Blutes aus Haut und Mundhöhle angereichert wurde *(lila)*. Das Blut aus dem beiden Vorhöfen vermischt sich in der Herzkammer (Ventrikel) und tritt über die Arterie aus dem Herzen aus *(lila)*. Körper und Lunge werden mit diesem gemischten Blut versorgt *(lila)*. Im Körper wird das Blut dann O_2-arm *(blau)*, in der Lunge O_2-reich *(rot)*.
d) Der Körper wird mit gemischtem Blut versorgt. Dadurch ist die Leistungsfähigkeit beeinträchtigt, weil weniger Sauerstoff zur Verfügung steht als bei arteriellem Blut.

II./M 14 Ein besonderes Herz
a) Vom Beginn der Körperarterie an befindet sich im unteren Teil zur Versorgung des Körpers O_2-reiches (arterielles) Blut *(rot)*. Zur Lunge wird dagegen nahezu vollständig O_2-armes Blut geleitet *(blau)*. Im Körper wird das Blut O_2-arm und gelangt über das Venensystem zum Herzen zurück *(blau)*. Ab der Einmündung der von Haut und Mundhöhle kommenden Gefäße ist das Blut durch die Zufuhr O_2-reichen Blutes gemischt *(lila)*. In den rechten Vorhof gelangt also gemischtes Blut *(lila)*, in den linken O_2-reiches Blut von der Lunge *(rot)*.
b) Der Körper wird praktisch mit O_2-reichem Blut versorgt, zur Lunge gelangt fast vollständig reines O_2-armes Blut.
c) Der Körper, einschließlich der Muskulatur, wird besser mit Sauerstoff versorgt. Dies steigert die Leistungsfähigkeit und Ausdauer.

II./M 15 Rätselhafte Amphibien
Waagerecht: KROETE – LAICH – LAND – FROSCH – AMPHIB – KAULQUAPPEN – WANDERN – LURCH – METAMORPHOSE – LUNGE – MOLCH – NEOTENIE
Senkrecht: KIEMEN – WALD – EI – HAUTATMUNG – SALAMANDER – OLM – AXOLOTL – WASSER – BACH – UNKE – HAUT – TEICH
Erläuterungen (waagerecht): *Kröte*: Amphibium aus der Gruppe der Anuren; *Laich*: Die abgelegten Eier der Amphibien (und Fische); *Land*: Lebensraum der erwachsenen Amphibien; *Amphib*: Kurzform für Amphibium; *Kaulquappen*: Jugendstadium der Amphibien; *Wandern*: Kröten wandern regelmäßig zur Fortpflanzung zu ihrem Laichgewässer; *Lurch*: andere Bezeichnung für Amphibium; *Metamorphose*: Amphibien durchlaufen in ihrer Entwicklung eine Metamorphose (Gestaltumwandlung); *Lunge*: eines der drei Atmungsmorgane der Amphibien; *Molch*: Angehöriger einer Untergruppe der Amphibien; *Neotenie*: Erreichen der Geschlechtsreife, ohne eine Metamorphose zu durchlaufen;
Erläuterungen (senkrecht): *Kiemen*: viele Amphibien besitzen im Larvenstadium Außenkiemen als Atmungsorgane; *Wald*: Lebensraum einiger Amphibien-Gruppen wie des Salamanders oder der Kröte; *Ei*: Fortpflanzungszelle; *Hautatmung*: Gasaustausch über die Haut findet man bei den meisten Amphibien; *Salamander*: Amphibien-Art; *Olm*: Amphibien-Art (meist in Höhlen lebend); *Axolotl*: amerikanische Salamander-Art; *Wasser*: Amphibien sind stark von Feuchtigkeit bzw. Wasser abhängig, beispielsweise zur Fortpflanzung; *Bach*: gehört in den Lebensraum der Salamander; *Unke*: Amphibien-Art; *Haut*: bei den Amphibien dünn und feucht, um Hautatmung zu ermöglichen. Bei einigen Arten (Kröten) warzig und leicht giftig; *Teich*: bevorzugter Lebensraum des Wasser- oder Teichfrosches.

II.3 Medieninformationen

II.3.1 Audiovisuelle Medien

FWU-Film 3210194 und **FWU-VHS-Video 4202485:** Der Alpensalamander, 12 Min., f
Alpensalamander sind reine Landtiere und bewohnen Gebirgsregionen zwischen 800 und 3000 m Höhe. Im Gegensatz zu allen anderen einheimischen Lurchen benötigen sie zur Fortpflanzung keine Gewässer. Nach einer Tragzeit von 1 bis 3 Jahren bringen die Weibchen zwei fertigentwickelte Junge zur Welt.

FWU-DVD 4602010: Amphibien, 24 Min., f, 2002
Zu unseren einheimischen Amphibien zählen Frösche, Kröten, Unken, Salamander und Molche. Die Filme „Der

Grasfrosch" und „Der Salamander" zeigen den Bau und die Lebensweise eines Frosch- und eines Schwanzlurches. Sie liegen auch in sequenzierten Fassungen vor, die Sequenzen können in ihrem Ablauf programmiert werden. Interaktive Bilder und Grafiken bieten einen didaktischen Zugang zu den Themen „Von der Kaulquappe zum Frosch", „Erdkröten auf Wanderschaft" und „Einheimische Frosch- und Schwanzlurche". Mit dem Bestimmungsschlüssel „Wer ist wer?" können zwölf Amphibienarten identifiziert werden. Der Exkurs in die Symbolik der Tiere „Froschkönig und Wetterfrosch" rundet die Mediensammlung ab. Im ROM-Teil der DVD stehen umfangreiche Arbeitsmaterialien zur Verfügung.

VHS-Video 4258151 und **DVD 4640939**: Amphibien, 18 Min., f, 2004
Amphibien führen ein Doppelleben. Einen Teil ihres Lebens verbringen sie im Wasser, den anderen hauptsächlich auf dem Land. Das Video beschreibt mit beeindruckenden Bildern die Lebensweise der Amphibien. Es werden verschiedene Vertreter der Froschlurche (Frösche und Kröten) und der Schwanzlurche (Salamander und Molche) vorgestellt. Der Film erläutert Besonderheiten in Körperbau, Fortpflanzung und Entwicklung und gibt einen Überblick über die typischen gemeinsamen Merkmale der Amphibien. Die Populationsgrößen zahlreicher Amphibienarten haben weltweit stark abgenommen. Der Film erklärt die vielfältigen Ursachen dieser Entwicklung.

FWU-Film 3203971: Der Bergmolch, 13 Min., f, D
Der Film beginnt mit dem Erwachen des Bergmolches aus der Winterstarre. Eiablage, Entwicklung der Larven bis zum ausgewachsenen Tier werden gezeigt. Anpassungen an den Lebensraum des Bergmolches werden erläutert.

VHS-Videokassette 4252253: Der Bergmolch, 11 Min., f, D
Das Video ist in drei Abschnitte gegliedert: Fortpflanzungsbiologie; Embryonalentwicklung; Schnürungsexperimente am Bergmolchkeim.

FWU-VHS-Video 4201176: Entwicklung bei Amphibien, 22 Min., f
Amphibien sind Feuchtlufttiere, die zur Fortpflanzung in den meisten Fällen Gewässer benötigen. Um auch wasserärmere Regionen besiedeln zu können, verlagerte sich ihre Entwicklung immer mehr in den Körper des Muttertieres. Während Grasfrosch und Bergmolch noch Eier legen, setzt der Feuersalamander bereits lebende Larven im Wasser ab. Der Alpensalamander schließlich bringt in der Regel zwei fertig entwickelte Junge zur Welt.

FWU-VHS-Video 4201104: Entwicklung des Molcheies, 14 Min., f
In mikro- und makroskopischen Aufnahmen wird die gesamte Entwicklung des Molchkeimes bis zur schlüpfreifen Larve gezeigt. Mithilfe von Trickaufnahmen werden die Gastrulation und die Bildung der Keimblätter vertiefend erläutert.

FWU-Film 3203586 und **FWU-VHS-Video 4201638**: Die Erdkröte – Laichwanderung und Schutz, 13 Min.
Der Film beginnt damit, dass Erdkröten während der Laichzeit von ihrem Lebensraum zu ihrem Geburtsgewässer wandern, dort ablaichen und zurückkehren. (Gefahr beim Überqueren von Straßen) Außerdem sieht man: Kröten bei der Paarung, beim Beutefang und Kaulquappen.

VHS-Videokassette 4251520: Die Erdkröte – Wanderer der Nacht, 16 Min., f
Der Film stellt die Erdkröte in ihrem Lebensraum vor. Besonders die Fortpflanzung und die Nahrungsaufnahme werden gezeigt. Die ökologische Bedeutung der Erdkröte wird herausgestellt.

VHS-Video 4255061: Fortpflanzung und Entwicklung bei Wirbeltieren I, 14 Min., f, 2000
Im ersten Teil dieses Filmes wird die Fortpflanzung und Entwicklung von Forellen dargestellt. Im zweiten Teil steht der Frosch im Mittelpunkt. Imposante Nahaufnahmen zeigen die Entwicklung und Metamorphose eines Frosches. Zeitrafferaufnahmen mit datierten Altersangaben der Kaulquappen helfen dem Betrachter die Entwicklung vom Froschlaich zum adulten Tier schrittweise nachzuvollziehen. Sie erkennen im Vergleich, dass beiden Tierarten die äußere Befruchtung und die Produktion einer großen Anzahl von Eiern gemeinsam ist. Abschließend können Bau und Funktion eines Fisch- bzw. Froschkörpers erarbeitet werden.

FWU-Film 3210003 und **FWU-VHS-Video 4201776**: Der Grasfrosch, 14 Min.
Der Film behandelt in einer monographischen Darstellung den Grasfrosch in seinem Lebensraum und erklärt mit einem besonderen Schwerpunkt die Entwicklung der Tiere.

VHS-Video 4252290: Der Grasfrosch, 25 Min.
Im Frühjahr verlassen die Grasfrösche ihre Winterquartiere und wandern an einen Tümpel oder Weiher. Männchen halten nach Weibchen Ausschau, es kommt zu wilden Rangeleien. Weil der Laich durchsichtig ist, können wir die Entwicklungsvorgänge von der Eizelle zur Kaulquappe mitverfolgen, ebenso das Schlüpfen der Kaulquappe aus dem Ei. Die Kaulquappen raspeln Algenbeläge von den Wasserpflanzen. Bald entstehen den Larven Hinterbeine, später erscheinen Vorderbeine. Die Kaulquappe hat Froschgestalt und verlässt nun das Wasser. Erst in drei Jahren sind die Grasfrösche ausgewachsen und suchen ein Laichgewässer auf.

FWU-VHS-Video 4201764 und **FWU-DVD 4601036** und **Online-DVD/Mediensammlung 5500059**: Konzert am Tümpel, 14 Min., f
Der Film zeigt die artenreiche, vielerorts gefährdete Lebensgemeinschaft eines Tümpels. Gezeigt werden verschiedene amphibische Tümpelbewohner, darunter Grasfrösche, Laubfrosch, Erdkröten und andere Lurche bei der Fortbewegung, Nahrungsaufnahme, Befruchtung, Paarung und Entwicklung. Dabei liegt der Schwerpunkt des Films auf der Rufaktivität von Wasserfrosch, Gelbbauchunke, Laubfrosch, Kreuz- und Wechselkröte. Den Höhepunkt bildet das Froschkonzert zur nächtlichen Stunde.

VHS-Video 4254518: Metamorphosen, 23 Min., f
Zu den geheimnisvollen Wundern der Natur gehört auch die Metamorphose. Bestimmte Tierarten vollziehen im Laufe ihrer Entwicklung eine faszinierende „Verwandlung", die genetisch bedingt zu erstaunlichen Änderungen des äußeren Erscheinungsbildes führt. Das Video führt in die-

se spannende Thematik ein. An bekannten Beispielen werden verschiedene Verwandlungsarten erläutert.

FWU-VHS-Video 4202089: Die Tiere mit der Zauberhaut, 20 Min., f
Dank ihrer einzigartigen Haut überleben Amphibien in fast allen Lebensräumen dieser Erde. Weder die Hitze der Wüste noch die Kälte der Arktis kann ihnen etwas anhaben. Ihre Hautsekrete töten Krankheitskeime und schützen sie vor Fressfeinden. In beeindruckend schönen Bildern stellt der Film die exotische Welt der Amphibien auf den verschiedenen Kontinenten vor. (Blaue Reihe)

II.3.2 Zeitschriften
a) didaktisch

Bossert, Ulrich: Amphibienentwicklung – Interpretation von Versuchsergebnissen, in: PdN-BioS Nr. 1, 1999, S. 4–5
Ein Vorschlag für die Erarbeitung der hormonellen Steuerung der Entwicklung bei Amphibien auf der Grundlage von präsentierten Versuchen und ihren Ergebnissen.

Brauner, Klaus: Was Amphibien für ihren Nachwuchs tun, in: UB Nr. 242, 1999, S. 20–24
Grasfrösche legen ihren Laich ins freie Wasser ab, Bergmolche kleben die Eier meist einzeln an Wasserpflanzen, der Feuersalamander gebärt bereits entwickelte Larven, und der Alpensalamander bringt als einzige heimische Amphibienart lebende Junge zur Welt. Die SuS vergleichen, was die einzelnen Arten für das Überleben ihrer Nachkommen tun, und überprüfen ihre Kenntnisse, indem sie Abbildungen der verschiedenen Entwicklungsstadien der jeweiligen Art zuordnen.

Dalhoff, Benno: Rettung von Amphibien – eine Videoproduktion, in: UB Nr. 192, 1994, S. 24–26
An vielen Orten laufen Amphibien Gefahr, auf ihren Laichwanderungen von Autos überrollt zu werden. Im hier dokumentierten Fall bemühten sich SuS um Schutzmaßnahmen wie die Errichtung eines Auffangzauns und den Transport der gefangenen Amphibien zum Laichgewässer. Ihre Aktionen hielten die SuS in einem Videofilm fest, um damit andere über den Amphibienbestand des Gebietes zu informieren und sie zur Beteiligung an den Schutzaktionen zu motivieren.

Dalhoff, Benno: Planung und Herstellung eines Videofilms, in: UB Nr. 192, S. 27–30 (Beihefter)
16 Bilder, die bei der im gleichen Heft dokumentierten Videoproduktion entstanden, sind „Spielmaterial" für die Konzeption eines eigenen Drehbuchs zum Thema „Rettet die Amphibien". Es gibt keine „richtige" Szenenfolge, wohl aber einiges, was unbedingt bei der Planung eines eigenen Videos bedacht werden muss. Darüber und über den Umgang mit einem Camcorder informiert dieses Unterrichtsmaterial.

Dannefelser, Birgit/Leder, Klaus: Amphibien wehren sich (mit) ihrer Haut, in: UB Nr. 242, 1999, S. 38–44
Ganz so wehrlos, wie Amphibien auf den ersten Blick zu sein scheinen, sind sie nicht. Sie haben vor allem verschiedene Strategien passiver Verteidigung entwickelt. Die SuS lernen verschiedene Abwehrmaßnahmen kennen, darunter auch die Ausscheidung von Hautgiften. Am Beispiel des Goldbaumsteigers und des Giftstoffs Batrachotoxin erarbeiten die SuS, wie Frösche zu ihren Hautgiften kommen und welche Wirkung die Toxine haben können.

Engstenberg, Christa: Rettet die Frösche, in: UB Nr. 111, 1986, S. 48–51 (Spielvorschlag)
Umweltthemen stoßen bei jüngeren SuS nur auf begrenztes Interesse. Die Autorin schlägt daher vor, die Gefährdung von Amphibien in einem Spiel aufzuarbeiten. Durch Würfeln müssen die Tiere vom Winterlager zum Laichgewässer und wieder zurück zum Winterlager gebracht werden. Welche Umweltgefahren sie dabei ausgesetzt sind, lernen die Kinder über Aktionskarte spielerisch kennen. Das Erkennen eines Gefahrenpunktes bedeutet für den jeweiligen Frosch bzw. die Kröte einen Überlebensvorteil.

Fuchs, Frank Oliver: Metamorphose bei Froschlurchen, in: UB Nr. 272, 2002, S. 14–17
Der Begriff Metamorphose bezeichnet einen Umwandlungsprozess, der im Allgemeinen mit einem Gestaltwandel verbunden ist. Bei Froschlurchen ist dieser Gestaltwandel deutlich ausgeprägt. Anhand eines selbst gebastelten Modells vollziehen die SuS die körperlichen Veränderungen bei der Entwicklung der Kaulquappe zum Frosch nach, indem sie u. a. Beine ergänzen, den Flossenschwanz reduzieren und die Form des Maules verändern.

Graf, Erwin: „Der Grasfrosch" – eine Einstiegsvariante für das Thema „Lurche" (Klasse 5), in: PdN-BioS Nr. 2, 1997, S. 65–69
Die vorgestellte Variante einer Einstiegsstunde in das Thema „Lurche" ist orientiert auf eine motivierende und die geistige Aktivität der SuS stimulierenden Unterrichtsführung. Der Autor stellt verschiedene Möglichkeiten zur Gestaltung der Einführungsstunde zur Diskussion. In arbeitsteiliger Gruppenarbeit sollen entscheidende Merkmale des Grasfrosches weitgehend selbstständig von den SuS erarbeitet werden.

Hedewig, Roland: Amphibien, in: UB Nr. 242, 1999, S. 4–13 (Basisartikel)
Zur Klasse der Amphibien gehören die Blindwühlen sowie die Schwanz- und Froschlurche. Wie die Reptilien sind Amphibien wechselwarm, unterscheiden sich jedoch von ihnen in mehreren Merkmalen wie z. B. dem Aufbau der Haut, der Fortbewegung sowie hinsichtlich Fortpflanzung und Entwicklung. Obwohl alle heimischen Amphibien seit vielen Jahren durch Bundesartenschutzverordnung geschützt sind, ist ihr Bestand stark geschrumpft.

Hintermeier, H.: Schulteiche – ein praktischer Beitrag zum Amphibienschutz, in: PdN-BioS Nr. 8, 2001, S. 21–27
Amphibien gehören zu den interessantesten Beobachtungsobjekten im Biologieunterricht, wobei jedoch strenge Auflagen von Seiten des Naturschutzes zu beachten sind. Diese Vorschriften sind natürlich auch zu beachten, wenn Amphibien in einem Schulteich zuwandern. Es ist jedoch sinnvoll, die SuS auf diese Weise mit Zielen und Verfahrensweisen des Artenschutzes zu konfrontieren.

Janßen, Willfried: Stimmen heimischer Singvögel und Froschlurche, in: UB Nr. 163, 1991, S. 27–30 (Beihefter)
Froschlurche wie auch Vögel hört man häufig eher, als man sie sieht. An ihren Lauten lassen sich die Arten jedoch ebenfalls recht gut bestimmen. Anhand von Sonagrammen lassen sich zunächst einfache von kompliziert strukturierten Vogelgesängen unterscheiden. Die „Übersetzung" in lautmalerische menschliche Sprache und originelle Merkverse erleichtern die Zuordnung von Lautäußerungen zu der entsprechenden Vogelart. Bei Froschlurchen kann man fünf Ruftypen unterscheiden und daraus auf die Art schließen.

Klingenberg, K.: Nachts sind alle Kröten grau, in: PdN-BioS Nr. 3, 2007, S. 32–36
Arbeitsmaterialien zu Amphibien: Biologie, Lebensräume und Kurzsteckbriefe ausgewählter Arten (Bestimmungsschlüssel).

Leder, K.: Umweltprobleme und Amphibienbiotope auf den Rheinterrassen, in: PdN-BioS Nr. 6, 1992, S. 19–27
Der Artikel stellt ein Ökologieprojekt vor, das über praktische Erkundung und Dokumentation eines Biotops die Öffentlichkeit für konkrete Schutzmaßnahmen motivieren will.

Renner, Franz: Amphibienschutz an Straßen, in: UB Nr. 242, 1999, S. 14–19
Die Erdkröte (Bufo bufo) ist die größte einheimische Kröte. Während der Laichwanderungen kommen alljährlich Hunderte Erdkröten unter die Räder. Eine Geschichte erzählt den SuS vom Lebenszyklus der kleinen Erdkröte „Bufo", eine weitere Erzählung berichtet von tierliebenden Menschen, die Amphibien bei deren gefahrvollen Wanderungen helfen. Im Spiel erleben die Kinder dann nochmals wesentliche Momente in einem Krötenleben.

Spieler, Marko/Skiba, Frauke: Ein Froschlurch unter Trockenstress, in: UB Nr. 252, 2000, S. 31–35
Hitze und wenig Niederschlag bedeutet für Feuchtlufttiere einen erheblichen Stress. Dennoch haben Froschlurche die westafrikanische Savanne als Lebensraum für sich erobert. Beim Kreide-Riedfrosch lassen sich weiße „Trockenfrösche" von braunen „Regenfröschen" unterscheiden. Anhand von Abbildungen und Daten beschreiben die SuS die beiden Lebensformen dieser Froschart und analysieren deren Stressbewältigungsstrategie.

Über-Leben in zwei Welten – Froschlurche
SWR-mp4-Video (VHS: SWR 4281036 (D); DVD: SWR 4680398 (D)), Länge 28:31 Min., f, 2009 (downloadbar von www.planet-schule.de)
Erdkröten und Grasfrösche marschieren jedes Frühjahr an ein Gewässer, um dort abzulaichen. Wenn sie diese gefährliche Wanderung heil überstanden haben, suchen sie nach einem Partner. Bei männlichen Erdkröten ist der Fortpflanzungstrieb so stark, dass sie alles umklammern, was ihnen in die Quere kommt, vom Erdklumpen bis zum Karpfen. Dies hat Otto Hahn in unglaublichen Bildern festgehalten. Darüber hinaus zeigt er als Ergebnis der über einjährigen Dreharbeiten die Entwicklung und Lebensweise der heimischen Froschlurche, von denen nur wenige den Schritt ans Land schaffen; zu viele Feinde lauern im Wasser.
Kapitel: Der Weg zum Laichgewässer, Paarungsverhalten, das Ablaichen, Gefahren für Jung und Alt, vom Ei zum Frosch, Wasserfrosch und Erdkröte

Regenmännchen im Laubwald – der Feuersalamander
SWR-mp4-Video (VHS: SWR 4280839(D); DVD: SWR 4680512(D)), Länge 14:28 Min., f, 2009 (downloadbar von www.planet-schule.de)
Feuersalamander sind dämmerungs- und nachtaktiv. Nur wenn es nach langen Trockenperioden im Sommer regnet, verlassen sie auch tagsüber ihre Verstecke, um auf Nahrungssuche zu gehen. Daher nennt man den Feuersalamander im Volksmund auch „Regenmännchen". Der Film beschreibt das Leben des Feuersalamanders, seinen Lebensraum, seine Ernährung und Fortpflanzung. Eine kurze Sequenz ist dem Alpensalamander gewidmet, der vollentwickelte Junge zur Welt bringt und somit vom Wasser unabhängig ist. Normalerweise sind Lurche an Wasser und Land, an zwei Lebensräume gebunden, wie schon ihr Name sagt: „Amphibien" (griechisch für: Doppellebige).
Kapitel: Irrglauben vom Gift, Fortpflanzung, die Entwicklung des Feuersalamanders – die Larve, ein weiter Weg – vom Wasser ans Land

b) wissenschaftlich

Feder, Martin E./Burggren Warren B.: Hautatmung bei Wirbeltieren, in: Spektrum Nr. 1, 1986, S. 86–95
Die Haut spielt bei Amphibien eine wichtige Rolle als Atmungsorgan.

II.3.3 Bücher
(kapitelübergreifende Literatur in kursiver Schreibweise)

Hadorn, Ernst: Experimentelle Entwicklungsforschung, Springer, Berlin 1970

Rogers, Elizabeth: Wirbeltiere im Überblick, Quelle & Meyer, Heidelberg 1989

Ulrich, Klaus: Vergleichende Physiologie der Tiere I, De Gruyter, Berlin 1970 (Sammlung Göschen)

III. Unterrichtseinheit: Reptilien

Lernvoraussetzungen:
Grundlagen des menschlichen Herz-Kreislaufsystems

Gliederung:

```
┌─────────────────────────────┐
│  1. Merkmale der Reptilien  │
└─────────────────────────────┘
               │
               ▼
┌─────────────────────────────┐
│   2. Herz und Kreislauf     │
└─────────────────────────────┘
               │
               ▼
┌─────────────────────────────┐
│      3. Fortbewegung        │
└─────────────────────────────┘
               │
               ▼
┌─────────────────────────────┐
│  4. Einheimische Schlangen  │
└─────────────────────────────┘
               │
               ▼
┌─────────────────────────────┐
│   5. „Moderne" Krokodile    │
└─────────────────────────────┘
```

Zeitplanung:
Für diese Unterrichtseinheit sind ca. 10 Unterrichtsstunden zu veranschlagen.

III.1 Sachinformationen

Allgemein: Reptilien

Merkmale: Durch zwei zentrale Merkmale sind die Reptilien eindeutig als Landtiere gekennzeichnet und damit von den Amphibien abgrenzbar: Zum einen besitzt ihre Haut eine mehrschichtige verhornte Epidermis, die meist zusätzlich Schuppen bildet. Zum anderen hat das Ei eine pergamentartige oder feste Schale. Beides bietet Schutz gegen Austrocknung und ermöglicht damit das Leben und die Entwicklung an Land.

Evolutionsgeschichte: Die vielgestaltige Gruppe der rezenten Reptilien hat einen diphyletischen, möglicherweise sogar einen polyphyletischen Ursprung. Die Evolutionsgeschichte der Reptilien beginnt nach heutiger Kenntnis am Ende des Erdaltertums (Palaeozoikum) am Übergang Karbon/ Perm mit einer Radiation der wahrscheinlichen Ursprungsgruppe, den Captorhinomorpha, einer Gruppe der Cotylosauria.

Unter den frühen Reptilien trat eine Gruppe kleiner insektivorer Formen etwa zeitgleich mit herbivoren semi-aquatischen größeren Formen auf, denen dann terrestrische folgten. Die großen Pflanzenfresser verdrängten im Laufe des Perm die kleinen Carnivoren und ihre Biomasse bildete die Grundlage für ein Reptilien-dominiertes Ökosystem mit carnivoren Reptilien auch an der Spitze der Nahrungspyramide. Dieses System ermöglichte eine erste Blüte in der Trias und erreichte im weiteren Erdmittelalter (Mesozoikum) mit den Dinosauriern, den großen marinen Sauriern und den Flugsauriern eine riesige Entfaltung, bis alle größeren Formen an der Kreide/Tertiär-Grenze vor ca. 65 Mio. Jahren ausstarben.

Brutpflege

Die Brutpflege umfasst Verhaltensweisen, die das Überleben der Nachkommen während der Entwicklung im Ei und nach dem Schlüpfen sichern sollen. Brutpflege findet man innerhalb der Reptilien nur bei den Krokodilen. Beispielsweise bespritzen Alligatoren ihr Gelege mit Wasser; Krokodile graben ihren geschlüpften Nachwuchs aus und transportieren ihn zum Wasser.

Brutvorsorge bzw. Brutfürsorge

Hierunter versteht man alle Vorkehrungen, um eine erfolgreiche Entwicklung der Nachkommen sicher zu stellen. Bei Reptilien gehört hierzu insbesondere die Wahl eines geeigneten Platzes zur Eiablage. Wesentlich sind dabei eine ausreichende Feuchtigkeit, Sauerstoffversorgung und Umgebungswärme zum Ausbrüten der Eier.

Embryonalentwicklung

Reptilien besitzen wie Fische und Vögel dotterreiche Eier und dementsprechend eine discoidale Furchung. Der Keim liegt beim Reptilienei (wie bei Vögeln) als Scheibe auf dem Dotter (Keimschild). Während sich aus dem zentralen Teil der Keimscheibe der Embryo entwickelt, umwachsen die Randbereiche die Dotterkugel und bilden den Dottersack. Dieser enthält den Dottervorrat, der – anders als bei den Eiern der Amphibien – nicht durch totale Furchung auf die entstehenden Zellen verteilt wird. Der Embryo hebt sich während dieser Organbildungsphase vom Dotter ab. Bis zu diesem Entwicklungsstadium gibt es noch deutliche Ähnlichkeiten mit der Entwicklung der Knochenfische. Als Anpassung an die Entwicklung an Land werden aber bei den Sauropsiden (Reptilien und Vögel) zusätzliche Embryonalhüllen gebildet. Hierzu faltet sich der außerembryonale Teil des Keimes von beiden Seiten her auf (Amnionfalte) und umschließt den Embryo, indem die Auffaltungen verwachsen. Hierdurch wird der Embryo von zwei Hüllen umgeben: einer inneren Embryonalhülle, dem Amnion, und einer äußeren Embryonalhülle, der Serosa oder dem Chorion. Die entstandenen Hohlräume füllen sich mit Flüssigkeit: Der Embryo „schwimmt" im Fruchtblasenwasser. So ist die Entwicklung der Sauropsiden unabhängig vom Wasser eines Teiches o. Ä. Die Embryonalhüllen dienen als embryonale Anhangsorgane der Ernährung des Embryos, dem Gasaustausch sowie dem Schutz. Als weiteres extraembryonales Organ entsteht als Ausstülpung des Enddarms die embryonale Harnblase (Allantois), die der Exkretion dient und auch eine Funktion beim Gasaustausch mit der Umgebung besitzt.

Trotz ihrer pergamentartigen (Echsen und Schlangen) oder festen porösen Schale (Schildkröten und Krokodile) sind die Eier der Reptilien auf eine feuchte Umgebung angewiesen, denn der Embryo nimmt während der Entwicklung Wasser auf (Feuchtigkeitseier). Auch hiervon sind die Eier der Vögel mit ihrer porösen Kalkschale unabhängig. Ihr Wasservorrat ist so groß, dass sie Feuchtigkeit an die Umgebung abgeben können (echte Landeier).

Formen

- Die älteste selbstständige Linie, die von der ursprünglichen Radiation der Reptilienursprungsgruppe im Perm abzweigt, bilden die ***Schildkröten*** (Chelonia, Testudines). Sie sind seit der Trias überliefert. Ihre nähere verwandtschaftliche Beziehung ist unklar. Einige anatomische Merkmale verbinden sie mit den Archosauriern, also den Krokodilen, als den einzigen rezenten Vertretern dieser Gruppe. Schildkröten zeigen eine Reihe primitiver Merkmale in der Morphologie. Auch die durchgehend ovipare Fortpflanzung, bei der die Eier in selbstgegrabenen Erdlöchern abgelegt werden, gilt als ursprünglich. Wesentliche abgeleitete Merkmale sind dagegen der typische Panzer der Schildkröten, der aus einer äußeren Hornplattenschicht besteht, die im Inneren durch Knochenplatten verstärkend unterlagert wird, sowie der zahnlose Kiefer mit einem Hornschnabel.

  Nach der Art, wie der Kopf zum Schutz im Panzer geborgen wird, teilt man die rezenten Schildkröten in zwei Unterordnungen ein: Die Halswender (Pleurodira) ziehen Hals und Kopf seitlich unter den Rand des Panzers zurück, während die Halsberger (Cryptodira) Hals und Kopf in S-Form krümmen und in den Panzer zurückverlagern. Zu letzteren gehört die heute artenreichste Familiengruppe der Testudinoidae.

- Die eigenständige Evolutionsgeschichte der ***Krokodile*** (Crocodilia, Panzerechsen) geht von den Thecodontiern der Trias aus. Sie gehören zu den Archosauriern und damit in die engere Verwandtschaft der großen Saurier des Erdmittelalters (Mesozoikum). Wie diese stammen Krokodile höchstwahrscheinlich von bipeden Vorfahren ab. Darauf weist die Embryonalentwicklung hin, in der die Hinterextremitäten zunächst größer als die Vorderbeine sind. Nach der kladistischen (phylogenetischen) Klassifikation bilden die Krokodile aufgrund ihrer gemeinsamen abgeleiteten Merkmale (Synapomorphien) eine Schwestergruppe mit den Vögeln, mit denen sie enger verwandt sind als mit anderen Reptilien wie den Schildkröten oder Eidechsen.

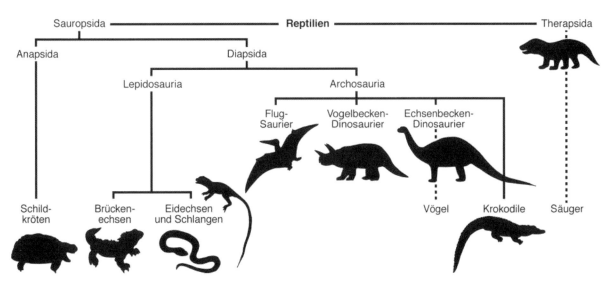

Abb.: Stammbaum der fossilen und rezenten Reptilien *(Quelle: Hedewig/Kattmann/Rodi [Hrsg.]: Evolution im Unterricht, Aulis, Köln 1998, S. 157)*

Die Haut der Krokodile besteht wie die der Schildkröten aus Horn- und Knochenschuppen. Auch die Krokodile sind ovipar und platzieren ihr Gelege (20–100 Eier) in ausgehobenen Gruben oder selbst angelegten Nestern, in Schlamm oder moderndem Laub. Die Sonne oder die Zersetzungsprozesse liefern dann die Wärme für die Entwicklung der Jungen. Über diese Brutfürsorge hinaus betreiben die Weibchen auch Brutpflege: Krokodile bewachen ihr Gelege, graben ihre Jungen nach dem Schlüpfen aus und transportieren sie zum Wasser. Auch dort werden die Kleinen noch bewacht bis sie größer sind und die Gefahr, von Artgenossen gefressen zu werden, geringer ist. Alligatoren bespritzen beispielsweise ihr Gelege mit Wasser, damit die Temperatur im Inneren nicht zu hoch wird. Hierin und in der Aufnahme von Magensteinen (Gastrolithen) ähneln sie Dinosauriern und Vögeln. Krokodile besitzen einen „sekundären Gaumen", wie er sonst nur bei Säugern zu finden ist. Dieser separiert einen Nasen- und einen Mundraum voneinander, sodass gleichzeitig gefressen bzw. gesäugt und geatmet werden kann.

Krokodile (Eusuchia) sind konservativ in Körperbau und -form. Lediglich die relative Größe und Form der Schnauze variiert bei den heutigen drei Krokodil-Familien. Alligatoren und Kaimane (Alligatoridae) haben recht breite Schnauzen; Gaviale (Gavialidae) besitzen auffällig lange und schmale Schnauzen; Krokodile i.e.S. (Crocodylidae) zeigen starke Unterschiede in der Form der Schnauze. Während die Krokodile i.e.S. außer in Europa weltweit verbreitet sind – obwohl oft nur in Relikten, sodass Afrika und Süd-Ost-Asien als Hauptverbreitungsgebiete gelten können –, sind Alligatoren und Kaimane auf die Neue Welt beschränkt. Auch Gaviale haben eine begrenzte Verbreitung als spezialisierte Fischjäger in den Flüssen Indiens und Burmas. Alle Krokodile ernähren sich von Fischen, verschmähen aber als strikt carnivore Beutegreifer auch keine Säugetiere oder Aas.

- Die **Eidechsen** (Lacertilia), heute die größte Reptilien-Ordnung mit rund 6000 Arten weltweit, spalten sich in der Trias von den Eosuchiern ab. Sie zeigen mehrheitlich die ursprüngliche Körperform, bei der der Körper von vier relativ gleich ausgeprägten Extremitäten getragen wird. Allerdings findet man eine deutliche Tendenz zur Reduktion der Extremitäten (Blindschleiche u. a.). Der wichtigste Sinn ist der Gesichtssinn, aber auch der Geruchs- und Geschmackssinn sind gut ausgeprägt. Hierzu trägt bei vielen Arten wie bei Schlangen das Jacobson'sche Organ im Gaumendach bei, das durch das Züngeln mit der zweigeteilten Zunge mit Geruchsmolekülen beliefert wird.

Als bekanntester Vertreter kann in Europa die Zauneidechse (Lacerta agilis) gelten. Sie gehört zur Gruppe der Halsbandeidechsen (Lacertidae), die sich durch eine halsbandähnliche Schuppenreihe am Hals auszeichnen. Die Zauneidechse besitzt einen kurzen Kopf mit abgerundeter Schnauze. Über den 20–22 cm großen, nicht abgeplatteten Körper läuft in der Mitte ein dunkles Längsband, in das hellere Flecken eingelassen sind. Seitlich davon verläuft ein hellerer Streifen. Die Körperseiten tragen helle Flecken, die dunkel umrahmt sind. Zur Paarungszeit sind Seiten und Bauch der Männchen auffällig grün gefärbt. Die Weibchen behalten ihre bräunlich-gelbliche Färbung (Sexualdimorphismus). Die Zauneidechse findet man mit ihren Unterarten in ganz West-, Mittel- und Osteuropa an sonnigen und trockenen Standorten. In der heutigen Kulturlandschaft sind ihre Lebensräume sonnige Abhänge an Straßenböschungen oder Bahndämmen, Feldränder, Weinberge, Parks, Friedhöfe, Gärten u. Ä. Die Zauneidechse ist tagaktiv, zieht sich aber vor der größten sommerlichen Mittagshitze in ihr Versteck zurück. Am Morgen und am Nachmittag nimmt sie dagegen ein Sonnenbad, um ihre Körpertemperatur zu erhöhen. Die Nacht wird wiederum im Unterschlupf verbracht. Dieses Verhalten, ebenso wie der Jahresrhythmus mit einer Aktivitätszeit von Frühjahr bis Herbst und einer Winterruhe von September/Oktober bis März/April, ist dadurch begründet, dass die Zauneidechse wie alle Reptilien poikilotherm ist.

Der Fortpflanzungszyklus beginnt nach dem Ende der Winterruhe im Frühjahr. Zunächst behaupten die Männchen in Rivalenkämpfen ein Territorium. Experimente haben gezeigt, dass Männchen um so siegreicher sind, je größer sie sind und je größer der grün gefärbte Körperbereich ist (intrasexuelle Selektion). Weibchen beachten bei der Gattenwahl allerdings die Grünfärbung nicht. Männliche Eidechsen wählen bevorzugt große Weibchen, die deutlich mehr Eier legen können. Bei der Balz verbeißt sich das Männchen in die Seite des Weibchens und umschlingt es, sodass es sein Geschlechtsorgan in die Kloake des Weibchens einführen kann. 10 bis 14 Tage später legen die Weibchen je nach Größe 4 bis 15 Eier mit pergamentartiger Schale in selbst gegrabenen Gruben ab. Zur Entwicklung benötigen die Eier (Sonnen-) Wärme und ausreichend Bodenfeuchtigkeit, damit sie nicht austrocknen (Feuchtigkeitseier). Nach einer Entwicklungszeit, die temperaturabhängig zwischen sieben und zehn Wochen liegen kann, schlüpfen die Jungtiere, die nach ihrer zweiten Überwinterung selbst geschlechtsreif werden.

Die Zauneidechsen ernähren sich hauptsächlich insektivor. Ihre Fressfeinde sind die auf Echsen spezialisierte Glattnatter, Greifvögel, Störche, Krähen, Igel, Katzen u. a.

- Von der Entwicklungslinie der Echsen geht, beginnend in der Kreidezeit, die Entwicklungslinie der **Schlangen** (Serpentes, Ophidia) aus. Die Mehrheit der modernen Schlangen stammt allerdings aus der (späten) Erdneuzeit (Känozoikum). Die Unterordnung der Schlangen bildet keine Extremitäten mehr aus. Bei den Riesenschlangen findet man allerdings noch Rudimente des Beckengürtels. Trotzdem zeigen die Schlangen eine starke Radiation, sodass man grabende, schwimmende, landlebende und baumlebende Formen findet. Den Ersatz für die reduzierten Extremitäten bilden die quer liegenden Bauchschuppen in Verbindung mit beweglichen Rippen und der Muskulatur der Körperhülle. Schlangen sind auf große Beute spezialisiert. Deshalb sind alle Knochenteile des Schädels (mit Ausnahme der Gehirnkapsel) über Sehnen miteinander beweglich verbunden. Auch Ober- und Unterkiefer sind gegeneinander beweglich. Hinzu kommt ein Kieferstiel (Quadratbein, Quadratum), der das Kiefergelenk beweglich mit der Gehirnkapsel verbindet. Zusätzlich sind die beiden Unterkiefer ebenfalls nur durch Sehnen miteinander verbunden und der Mundboden erlaubt durch die Kehlhaut eine weite Dehnung. Dies begründet die enorme vertikale und horizontale Öffnungsweite des Schlangenmauls. Zum Verschlingen der Beute schlägt die Schlange ihre rückwärts gebogenen, spitzen Zähne in die Beute. Durch abwechselndes Lösen und Zubeißen der Ober- und Unterkieferzähne der unabhängig voneinander beweglichen Seiten wird die Beute langsam verschlungen. Schlangen töten ihre Beute entweder durch Gift, durch Ersticken oder sie verschlingen sie lebend.

Bei Giftschlangen sitzen die Giftzähne an den reduzierten, senkrecht gestellten Oberkiefern (Maxillare). Jeder ist am anderen Ende mit der Gehirnkapsel verbunden. Ungefähr mittig setzt am Oberkiefer eine Querspange an, die mit Zähnen besetzt ist, und den funktionellen Oberkiefer darstellt. Diese Knochenspange verbindet den Giftzahn mit dem Gelenk zwischen Kieferstiel und Unterkiefer. Öffnet die Schlange ihr Maul und verlagert dabei dieses Gelenk vorwärts, so wird aufgrund der Hebelwirkung der Kieferspange der Giftzahn aufgestellt.

Eidechsen und Schlangen bilden zusammen die Ordnung der Squamata.

Fortbewegung

Bei Reptilien findet man eine Vielfalt an Fortbewegungsweisen.

Einige Echsen (Agamen, Iguaniden) laufen schnell auf ihren Hinterbeinen (biped). Diese Fortbewegungsart tritt in der Evolutionsgeschichte der Reptilien schon früh auf, Fossilfunde belegen sie bereits für das späte Perm – vor ca. 210 Mio. Jahren.

Andere baumlebende Arten haben einen Gleitflug entwickelt, wofür sie seitliche Flughäute besitzen. Chamäleons laufen auf Ästen und Umgreifen diese dabei mit Händen und Füßen, deren Finger bzw. Zehen in Zweier- und Dreier-Gruppen gegenüber gestellt sind.

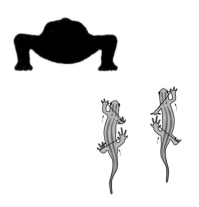

Die meisten Echsen (auch unsere heimische Zauneidechse) bewegen sich heute auf allen Vieren fort. Diese Art der Fortbewegung ist als ursprünglich anzusehen, sie kommt schon bei den Amphibien (Lurchen) vor. Die nahezu rechtwinklig seitlich vom Körper abstehenden Extremitäten werden zur Fortbewegung mit Überkreuzkoordination bewegt. So werden die Extremitäten rechts vorne und links hinten gleichzeitig vom Boden abgehoben und nach vorne geführt. Vorder- bzw. Hinterbeine links vorne und rechts hinten halten dabei den Bodenkontakt. In der nächsten Phase der Bewegung ist es dann umgekehrt. Die Wirbelsäule lenkt dabei mit, sie „schlängelt". Der Körper wird durch die Stellung der Extremitäten nur wenig und kurzzeitig für die Bewegung vom Boden abgehoben, weil dies bei der skizzierten Beinstellung große Kraft verlangt.

III. UE: Reptilien

- Krokodile können die Beine deutlich näher an den Körper ziehen und fast vollständig ausstrecken. Dies verringert den Kraftaufwand und erlaubt einem Krokodil hoch aufgerichtet mit hoher Geschwindigkeit zu laufen. Völlig unter den Körper bringen können ihre Beine nur Säugetiere, Dinosaurier und Vögel.

- Bei Schlangen findet man als Fortbewegungsweise zum einen das gradlinige Kriechen. Hierbei kontrahieren in Längsrichtung Teile des Schlangenkörpers und andere strecken sich. So wird der Körper ähnlich der peristaltischen Bewegung teilweise vorwärts geschoben, teilweise nach vorne gezogen. Gewicht und Reibung der aufliegenden Körperteile zusammen mit den aufgestellten Bauchschuppen erzeugen den Widerstand für die Vorwärtsbewegung.

Schlangen bewegen sich auch durch Schlängeln fort. Beim Schlängeln laufen zeitversetzt seitliche Kontraktionswellen über den Schlangenkörper, der dadurch abwechselnd nach links bzw. rechts seitlich rückwärts Kraft ausübt. Kleine Unebenheiten des Bodens dienen als Widerlager der Bauch- und Seitenschuppen und ermöglichen die Vorwärtsbewegung. Im Wasser reicht der Widerstand des Wassers, um den Vortrieb zu erzeugen: Die Schlange schwimmt.

Eine besondere ökologische Anpassung bei Schlangen ist das Seitenwinden, das viele wüstenlebende Schlangen zeigen, wenn der Boden keinen geeigneten Widerstand bietet. Die Längsrichtung des Körpers der Seitenwinder-Schlangen liegt in einem Winkel von ca. 45° zur Fortbewegungsrichtung. Beim Seitenwinden hebt die Schlange ihren Kopf vom Boden ab und führt ihn ein Stück in Richtung der Bewegung. Dort legt sie ihn (in Bewegungsrichtung) auf und lässt den Körper im angesprochenen Winkel folgen. Ist der Körper über die Hälfte nachgezogen, hebt die Schlange wieder den Kopf, führt ihn erneut vorwärts und die Abläufe wiederholen sich.

Haut

Die Reptilien besitzen eine mehrschichtige, verhornte Epidermis (Oberhaut), die dachziegelartig übereinander gelagerte Schuppen ausbildet. Der eingefaltete Zwischenbereich der Schuppen ist schwächer verhornt und bleibt dehnungsfähig. In den beweglichen und den festen Bereichen findet man eine unterschiedliche Zusammensetzung der Keratinschichten. Die verhornte Epidermis verhindert/verringert die Wasserabgabe an die Umgebung, also das Austrocknen, und bildet einen schützenden Panzer. Reptilien sind dadurch an warme und trockene Lebensräume angepasst.

Die Epidermis der Reptilien enthält keine Drüsen, sodass die Körperoberfläche trocken ist. Damit ist aber auch die Hautatmung ausgeschlossen und die Reptilien sind allein auf die Lungenatmung angewiesen.

Bei Krokodilen und Schildkröten verhornt die Epidermis über die Körperoberfläche hinweg kontinuierlich. Diese Gruppen geben auch fortlaufend kleine Teile der Oberhaut ab.

Die Epidermis der Eidechsen und Schlangen zeigt dagegen eine schichtweise Verhornung. Die äußerste Hornschicht wird in periodischen Abständen bei der Häutung (Ecdysis) meist als Ganzes abgestoßen. Übrig bleibt bei Schlangen das sogenannte „Natternhemd". Bei der Häutung verschleimen die Zellen zwischen den in der Epidermis angelegten Hornschichten. Die äußere wird abgegeben und die nachfolgende verhornt an der Außenseite.

Die Haut der Krokodile, Schildkröten und einiger Echsen enthält in der Dermis (Lederhaut, Corium) Knochenplatten.

Herz und Kreislauf

Das Herz der Reptilien (außer Krokodile) ist im Bereich der Hauptkammern (Ventrikel) nicht vollständig in zwei Hälften getrennt. Hierdurch ist zumindest eine teilweise Vermischung des sauerstoffreichen Blutes aus den Lungen mit dem sauerstoffarmen Blut aus dem Körper möglich. Der Körper wird dann mit „gemischtem" Blut versorgt, das nicht den höchstmöglichen Sauerstoffgehalt enthält, wie es bei Vögeln und Säugern mit ihren vollständig zweigeteilten Herzen der Fall ist. Hieraus leitet man gemeinhin eine verringerte Leistungsfähigkeit der Reptilien ab. Eine Untersuchung der Herzanatomie zeigt aber, dass – ähnlich wie bei den Amphibien – durch die Anordnung der Gefäße sowie partielle Leitstrukturen im Herzen das sauerstoffarme Blut ganz überwiegend zu den Lungen geleitet wird, während der Körper und insbesondere das Gehirn mit stark sauerstoffhaltigem Blut versorgt werden. Dies kommt im Wesentlichen einer Trennung von Lungen- und Körperkreislauf gleich. Die gleichen Strukturen erlauben aber auch eine Abkopplung der Lunge, wenn sie nicht gebraucht wird, beispielsweise beim Tauchen oder in Ruhe.

Es kann aber auch ein „Kurzschluss" im Lungenkreislauf hergestellt werden, sodass ein Teil des sauerstoffreichen Blutes aus der Lunge direkt wieder zu dieser zurückfließt. Der erhöhte Sauerstoffgehalt im Herzen kann zur Eigenversorgung des Herzens dienen. Das Herz der Reptilien hat keine speziellen Blutkranzgefäße zur Versorgung des Herzens von außen, wie wir es bei Vögeln und Säugern kennen. Das Reptilienherz ist schwammartig in seiner Struktur und kann durch die vergrößerte Oberfläche Sauerstoff direkt aus dem durchströmenden Blut von innen her aufnehmen. Die Leitung von sauerstoffreichem Blut aus den Lungen von der linken zur rechten Kammer des Herzens bringt stärker sauerstoffangereichertes Blut in den rechten Ventrikel (Myocardiale Oxygenations-Theorie nach FARMER). Bei einer vollständigen Trennung des Herzens würde die rechte Hälfte ausschließlich von sauerstoffarmem Blut durchflossen und dadurch mangelhaft versorgt.

Den Gedanken einer Versorgung des Herzmuskels von innen hat die moderne Kardiologie aufgenommen. Bei der so genannten transmyokardialen Revaskularisation (TMR) werden zur Oberflächenvergrößerung in die Wand der linken Herzkammer 30 bis 40 Kanäle gelasert, um zusätzliche Durchtrittsmöglichkeiten für sauerstoffreiches Blut in den Herzmuskel zu schaffen. Seit 1994 wurden so ca. 200 Patienten behandelt, denen mit Aufdehnung der Gefäße oder einer Bypass-Operation nicht mehr geholfen werden konnte. Bei ca. 80 % traten anschließend weniger Herzbeschwerden auf und die Leistungsfähigkeit stieg.

Im Herzen der Krokodile ist die Herzkammer (Ventrikel) vollständig geteilt. Lediglich das Foramen Panizza bildet eine Möglichkeit, den Zugang zu den abgehenden Gefäßen selektiv zu öffnen oder zu verschließen. Atmet ein Krokodil, so fließt das gesamte sauerstoffarme Blut aus dem rechten Ventrikel in die Lungenarterie, um in den Lungen wieder Sauerstoff aufzunehmen. Taucht es unter Wasser, erhöht sich der Druck in der rechten Herzkammer, weil sich die Versorgungsgefäße der Lunge verengen. Ein Teil des Blutes im rechten Ventrikel fließt jetzt in die rechte Aorta und nicht in die Lungenarterie. Der Körper und das Gehirn werden so mit zusätzlichem Sauerstoff versorgt. Hierdurch können Krokodile ihre Herzschlagfrequenz bis auf 1 bis 2 Schläge pro Minute senken und bis zu zwei Stunden lang tauchen. Was günstig ist, wenn man seiner Beute unter Wasser auflauert, die zum Trinken oder zur Kühlung an einen Fluss kommt.

Die Auswirkungen der Schwerkraft auf den Kreislauf kann man gut bei den verschiedenen ökologischen Schlangengruppen beobachten. Besonders stark wirkt sich die Schwerkraft bei baumlebenden Schlangen aus. Sie müssen den Kopf auch während des Kletterns in senkrechter Stellung mit ausreichend Blut versorgen. Baumschlangen haben deshalb einen hohen Blutdruck und das Herz ist nach vorn in die Nähe des Kopfes verlagert. Außerdem unterstützt der Körperbau die Funktion des Kreislaufsystems: Baumschlangen sind schlank und besitzen eine kräftige Muskulatur. Bei wasserlebenden Schlangen kompensiert der Auftrieb praktisch die Wirkung der Schwerkraft. Sie kommen mit einem geringeren arteriellen Blutdruck aus und das mittig liegende Herz kann beide Körperhälften gleichmäßig versorgen. Landschlangen bewegen sich hauptsächlich horizontal, auch hierbei hat die Schwerkraft keine besonders starke Auswirkung. Allerdings ist das Herz der Landschlangen deutlich nach vorne verlagert. Wasser- und Landschlangen haben gegenüber Baumschlangen auch einen größeren Körperdurchmesser und eine schwächere Muskulatur.

Temperatur-Regulation

Reptilien sind wie Wirbellose, Fische und Amphibien wechselwarm (poikilotherm). Sie sind zur Aufrechterhaltung ihrer Körpertemperatur von ihrer Umwelt abhängig (ektotherm). Die Abhängigkeit ihres Stoffwechsels von der Umgebungstemperatur kann als Optimumkurve beschrieben werden. Im Anstiegsbereich nimmt der Stoffwechsel nach der Q_{10}-Regel (auch Reaktions-Geschwindigkeits-Temperatur-Regel [RGT-Regel]) um den Faktor 2 bis 3 zu. Der Stoffwechsel ist deutlich geringer als bei einem gleichgroßen Säuger, der auch bei niedrigeren Temperaturen seine Körpertemperatur aufrechterhalten muss. Reptilien haben somit einen geringeren Nahrungsbedarf und können längere Zeit hungern.

Die Aktivität der Reptilien ist in unseren Breiten auf die warme Jahreszeit begrenzt. Der Winter wird in einem sicheren Versteck in Winterstarre verbracht. In wärmeren, bis heißen Lebensräumen erwächst den Reptilien die Gefahr der Überhitzung und damit der Hitzestarre.

Mithilfe von Verhaltensanpassungen wie der Positionierung gegenüber der Sonneneinstrahlung oder dem Wechsel an kühlere Orte im Biotop lösen beispielsweise die Eidechsen dieses Problem. Die Zauneidechse Lacerta agilis nimmt in der aktiven Zeit des Jahres typischerweise morgens und am späteren Nachmittag ein Sonnenbad, über die heiße Mittagszeit verkriecht sie sich in ihrem Unterschlupf. Im Durchschnitt hält sie so eine Körpertemperatur von 31–32 °C.

III. UE: Reptilien

III.2 Informationen zur Unterrichtspraxis

III.2.1 Einstiegsmöglichkeiten

Einstiegsmöglichkeiten	Medien
A.: Beobachtung im Film	
■ L nennt das Thema der neuen UE und zeigt als Ersatz für eine Lebendbeobachtung einen Film über die Zauneidechse, um die typischen Merkmale eines Reptils kennenzulernen. ■ Die SuS notieren ihre Beobachtungen.	■ VHS-Video 4200237: Die Zauneidechse. Länge 16 Min., f
B.: Untersuchung eines Präparats	
■ L bringt eine ausgestopfte Zauneidechse mit in den Unterricht. Einzelne SuS untersuchen das Präparat stellvertretend im Hinblick auf typische Merkmale von Reptilien (Aussehen, Körperbau, Extremitäten, Hautbeschaffenheit, Zähne, usw.). Auftretende Fragen werden diskutiert: Wo könnte ein so beschaffenes Tier leben? Welche Feinde hat es? Was frisst es? ■ Die SuS notieren ihre Beobachtungen.	■ Präparat der Zauneidechse ■ AT 2: Eine Schlange bei der Nahrungsaufnahme

III.2.2 Erarbeitungsmöglichkeiten

Erarbeitungsschritte	Medien
A./B.: Merkmale der Reptilien	
■ Zur Systematisierung und Vertiefung der bisherigen Feststellungen erhalten die SuS Material III./M 1 als Arbeitsmaterial. ▶ **Problem:** Typische Reptilienmerkmale ■ Die SuS bearbeiten das Arbeitsblatt in Einzelarbeit während einer Stillphase. ■ Zum Vergleichen übertragen einige SuS ihre Markierungen auf eine Folienkopie von Material III./M 1.	■ Material III./M 1 (materialgebundene Aufgabe): Die Zauneidechse – ein typisches Reptil ■ Material III./M 1 als Folienkopie, Arbeitsprojektor
■ Nachdem schon das vorhergehende Arbeitsblatt darauf vorbereitet hatte, thematisiert L die Beschaffenheit der Reptilienhaut und verteilt Material III./M 2. ▶ **Problem:** Bau der Reptilienhaut ■ Die SuS bearbeiten Material III./M 2 in Partnerarbeit. ■ Im abschließenden Unterrichtsgespräch präsentieren zunächst einige SuS ihre Lösungen zu Teilaufgabe a), dann werden die weiteren Fragen besprochen.	■ Material III./M 2 (materialgebundene Aufgabe): Die Haut – Grenzschicht zur Umgebung ■ Material III./M 2 als Folienkopie, Arbeitsprojektor

III. UE: Reptilien

■ L spricht die bisherigen Informationen bezüglich Lebensraum, Sonnenbaden, Winterstarre o. Ä. an und hält einen kurzen Lehrervortrag zum Thema gleich- und wechselwarme Tiere (vgl. Sachanalyse), bei dem stellenweise auch die SuS einbezogen werden können. Fazit: Wechselwarme regulieren ihre Temperatur weitgehend durch ihr Verhalten. ▶ **Problem:** Temperatur-Regulation durch Verhalten bei einer Eidechse ■ Die SuS erhalten Material III./M 3, schneiden die Abbildungen aus und kleben sie richtig zusammen (Partnerarbeit). Eine Gruppe arbeitet mit einer Folienkopie von Material III./M 3, anhand derer das Ergebnis anschließend gezeigt und besprochen wird.	■ keine ■ Schere, Klebstoff, Material III./M 3 als Folienkopie, Arbeitsprojektor
■ L leitet über auf die Besprechung der Besonderheiten des Blutkreislaufs bei Reptilien. ▶ **Problem:** Herz und Kreislauf der Reptilien ■ Zur Erarbeitung erhalten die SuS die Materialien III./M 4 und 5 und bearbeiten in Partnerarbeit jeweils die Teilaufgaben a) und b). Die beiden Teilaufgaben c) werden als Hausaufgabe vergeben.	■ keine ■ Modell-Herz eines Reptils (außer Krokodil); Material III./M 4 und 5 (materialgebundene Aufgabe): Reptilien-Kreislauf – 1 und 2
■ L thematisiert die verschiedenen Lebensräume von Reptilien, insbesondere Schlangen (Land, Wasser, Bäume). Aufgrund ihrer Körperform kann die Blutversorgung des Gehirns ein Problem sein. ▶ **Problem:** Blutversorgung des Gehirns bei verschiedenen Lebensweisen ■ L verteilt Material III./M 6 und die SuS bearbeiten in Kleingruppen arbeitsteilig die Verhältnisse bei Land-, Wasser- und Baumschlangen. Drei Gruppen stellen dem Plenum ihre Ergebnisse vor und notieren sie an der Tafel in Stichworten.	■ keine ■ Material III./M 6 (materialgebundene Aufgabe): Kreislauf und Lebensweise ■ AT 3: Schlangen auf Bäumen ■ Tafel
■ L thematisiert die Fortbewegung bei Reptilien. ▶ **Problem:** Extremitäten-Koordination bei der Eidechse ■ L teilt zur Bearbeitung Material III./M 7 aus, das die SuS bearbeiten. ■ In der Besprechung betont L die Überkreuzkoordination als ursprüngliche Bewegungsweise aller Landwirbeltiere, nach der sich auch der Molch und sogar der Mensch bewegen.	■ keine ■ Material III./M 7 (materialgebundene Aufgabe): Eidechse – Fortbewegung

III. UE: Reptilien

■ L: Spezielle Anpassungen der Fortbewegung an den Lebensformtyp findet man bei Schlangen. ▶ **Problem:** Fortbewegung bei Schlangen (ohne Extremitäten) ■ Die SuS erhalten Material III./M 8, das sie in arbeitsteiliger Gruppenarbeit bearbeiten. Einige Gruppen tragen anschließend ihre Ergebnisse dem Plenum vor.	■ keine; evtl. VHS-Video 42000236: Die Ringelnatter. Länge 18 Min., f und FWU-Film 3247035/DVD 4640485: Die Kreuzotter – dem Leben am Boden angepasst. Länge 16 Min., f (bzw. FWU-Film 3210365: Die Kreuzotter. Länge 15 Min., f) in Ausschnitten zur Demonstration der Bewegungsweise. ■ Material III./M 8 (materialgebundene Aufgabe): Schlangen – Fortbewegung
■ L weist darauf hin, dass die Reptilien als recht primitiv angesehen werden. Es gibt viele verschiedene Gruppen, die sich stark unterscheiden: Schildkröten, Schlangen, Echsen und Krokodile. Letztere gelten als die modernste Gruppe. ▶ **Problem:** Krokodile – die modernen Reptilien ■ L klärt zunächst in einem kurzen Unterrichtsgespräch, was unter „modernen" Merkmalen zu verstehen ist. ■ Die SuS bearbeiten Material III./M 10 in Partnerarbeit. Einige stellen abschließend ihre Ergebnisse auf einer Folienkopie des Materials dar.	■ keine ■ keine ■ Material III./M 10 (materialgebundene Aufgabe): Die „modernen" Reptilien, auch als Folienkopie, Arbeitsprojektor
■ L thematisiert die beiden bekanntesten einheimischen Schlangen Ringelnatter und Kreuzotter. ▶ **Problem:** Biologie von Ringelnatter und Kreuzotter ■ Die SuS bearbeiten auf der gewählten Erarbeitungsgrundlage Material III./M 9. ■ Einige SuS präsentieren ihre Ergebnisse anhand der Folienkopie. Die Besprechung des menschlichen Einflusses sollte auch die SuS und ihre Möglichkeiten einbeziehen, die Umwelt zu schützen.	■ keine ■ als Erarbeitungsgrundlage können das Biologie-Buch oder die o. a. Filme dienen ■ Material III./M 9 (materialgebundene Aufgabe): Einheimische Schlangen ■ Material III./M 9 als Folienkopie, Arbeitsprojektor
■ Zum Abschluss der UE fordert L die SuS auf, das Rätsel von Arbeitsmaterial III./M 8 Fortbewegung – 2 (Material 4) zu lösen. ▶ **Problem:** Abschlussdiskussion zum Thema Reptilien ■ Die SuS lösen das Rätsel. ■ Die SuS tragen nacheinander auf dem Arbeitsprojektor die Lösungsbegriffe in eine Folienkopie des Rätsels ein. L gibt an entsprechenden Stellen den Anstoß zu einer erweiternden Diskussion.	■ Rückgriff auf Material III./M 8 Fortbewegung – 2 (bereits ausgeteilt) ■ Material III./M 8 Fortbewegung – 2 (Material 4) als Folienkopie, Arbeitsprojektor

| III./M 1 | Die Zauneidechse – ein typisches Reptil | Materialgebundene AUFGABE |

Arbeitsmaterial:

Die Zauneidechse
(Lacerta agilis)

Früher war die Zauneidechse so häufig, dass man sie geradezu an jedem Zaun sah. Heute steht sie auf der Roten Liste der gefährdeten Tierarten, wofür hauptsächlich der Mensch verantwortlich ist. Denn sonnige Hänge und Böschungen, Steinbrüche und Kiesgruben oder verwilderte Flächen und grobe Steinmauern sind selten geworden. Aber gerade solche Kleinlebensräume brauchen die Zauneidechsen. Hier können sie ausgiebig Sonnenbäder nehmen und finden auch Unterschlupf in Spalten und Ritzen, unter Steinen oder in anderen Löchern, wenn es ihnen zu heiß wird.

Das Sonnenbaden ist besonders im späten Frühjahr wichtig, wenn die wechselwarmen Tiere aus der Winterstarre erwachen und ihre frostsicheren Erdlöcher verlassen.

Nach der Häutung, bei der die abgestorbene Haut in Fetzen abgestreift wird, beginnen die Zauneidechsen mit der Paarung. Meist ist es dann bereits Mai und die Männchen zeigen eine deutliche Grünfärbung an Kopf und Rumpf.

Die Weibchen bevorzugen zur Eiablage im Juni/Juli sandige Plätze in sonniger Lage. Ein Weibchen gräbt Mulden in den Boden und legt darin 6 bis 12 pergamentschalige Eier ab. Allein durch die Wärme des Bodens entwickeln sich die jungen Eidechsen und schlüpfen rund zwei Monate später.

Die Jungtiere ernähren sich von kleinen Insekten und Raupen, die Erwachsenen machen Jagd auf Käfer, Heuschrecken, Blattwanzen oder Ameisen, aber auch auf Spinnen und Regenwürmer. Die Beute wird mit den Augen und durch die schmale, zweizipflige Zunge wahrgenommen, die regelmäßig aus dem gespaltenen Maul kommt. Mit ihrer Zunge können die Zauneidechsen tasten, aber auch riechen und schmecken.

Mit Beginn des Herbstes ziehen sich die Zauneidechsen in ihre Schlupflöcher zurück und fallen in die Winterstarre – bis zum nächsten Frühjahr.

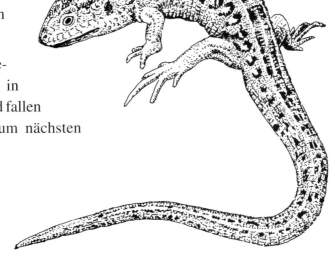

Aufgaben:

a) Unterstreiche alle Angaben im Text, die die Zauneidechse als Reptil ausweisen!
b) Welches wichtige Merkmal der Reptilien wird in dem Text nur indirekt angesprochen?

III. UE: Reptilien

| III./M 2 | Die Haut – Grenzschicht zur Umgebung | Materialgebundene AUFGABE |

Arbeitsmaterial:

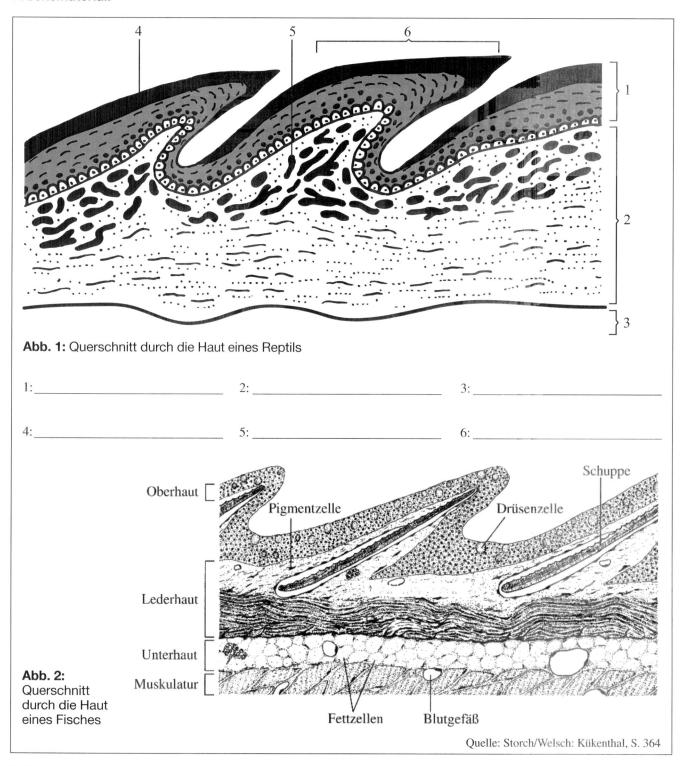

Abb. 1: Querschnitt durch die Haut eines Reptils

1: _____ 2: _____ 3: _____

4: _____ 5: _____ 6: _____

Abb. 2: Querschnitt durch die Haut eines Fisches

Quelle: Storch/Welsch: Kükenthal, S. 364

Aufgaben:

a) Beschrifte die Abbildung 1, indem du die folgenden Begriffe den Zahlen zuordnest: *Pigmentzelle, Lederhaut, Hornschicht, Unterhaut, Hornschuppe, Oberhaut!*

b) Beschreibe kurz den Aufbau der Haut bei Reptilien nach Abbildung 1! Stelle eine Beziehung zu Lebensweise und Lebensraum der meisten Reptilien her!

c) Vergleiche die Schuppen der Reptilienhaut mit den in Abbildung 2 gezeigten Fischschuppen! Stelle die wesentlichen Unterschiede heraus! Erkläre, warum Fische meist glitschig sind, Reptilien dagegen trocken?

III. UE: Reptilien

| III./M 3 | Temperatur-Regulation | Materialgebundene AUFGABE |

Arbeitsmaterial:

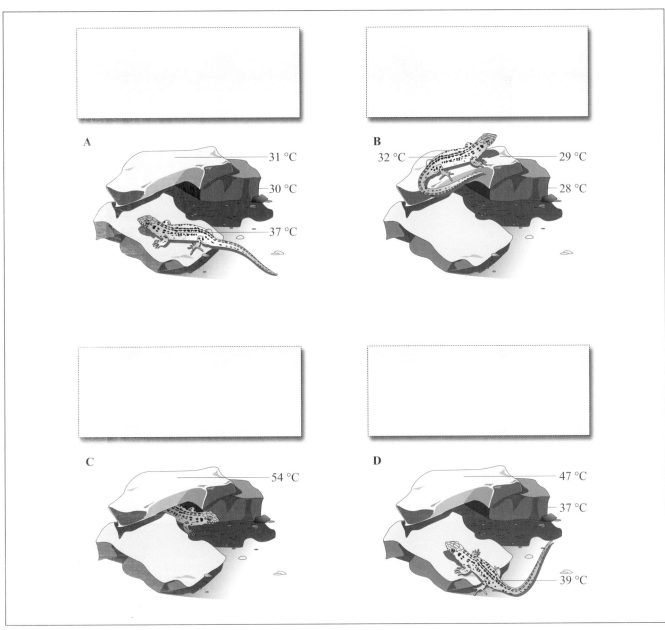

Aufgaben:

a) Ordne den Abbildungen des Verhaltens der Eidechsen (A bis D) die entsprechenden Abbildungen 1 bis 4 mit Sonnenstand und Lufttemperatur zu! Schneide sie aus und klebe sie ein!

b) Beschreibe und erläutere das dargestellte Verhalten der Eidechse in der Reihenfolge des Tagesverlaufs!

III. UE: Reptilien

| III./M 4 | Reptilien-Kreislauf – 1 | Materialgebundene AUFGABE |

Arbeitsmaterial:

Bei den meisten Reptilien, nämlich allen Echsen, Schlangen und Schildkröten, sind die beiden Kammern des Herzens nicht vollständig voneinander getrennt. In den Herzen dieser Reptiliengruppen kann sich das sauerstoffreiche Blut aus der Lunge mit dem sauerstoffarmen aus dem Körper vermischen. Dadurch erhält der Körper immer nur gemischtes Blut mit einem geringeren Sauerstoffgehalt, als die Lunge liefert. Zur Lunge wird ebenfalls Blut transportiert, das nicht vollständig sauerstoffarm ist.

Das Herz der Reptilien hat keine Herzkranzgefäße zur Sauerstoffversorgung von außen, sondern es hat wie ein grobporiger Schwamm eine große innere Oberfläche, um Sauerstoff aus dem durchfließenden Blut aufzunehmen.

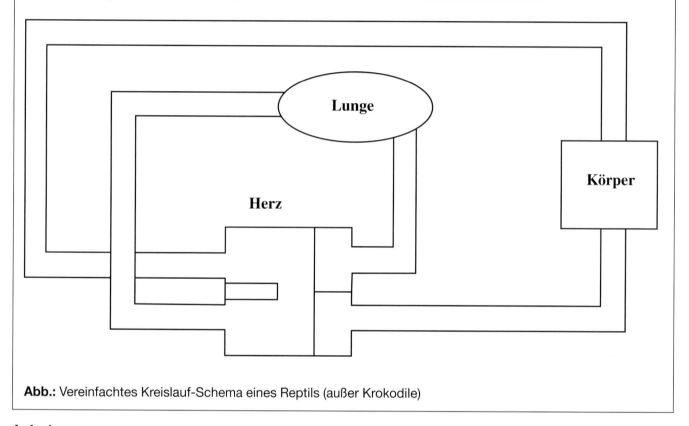

Abb.: Vereinfachtes Kreislauf-Schema eines Reptils (außer Krokodile)

Aufgaben:

a) Zeichne die Blutsorten *sauerstoffreich (rot), sauerstoffarm (blau), gemischt (lila)* in das obige Kreislaufschema eines Reptils ein!
b) Mit welcher Blutsorte ist der Hauptteil des Herzens gefüllt?
c) Können Reptilien einen Herzinfarkt bekommen? Erläutere!
   Information: Ein Herzinfarkt liegt dann vor, wenn ein Herzkranzgefäß so stark verengt ist, dass Teile des Herzens nicht mit Sauerstoff versorgt werden.

III. UE: Reptilien

| III./M 5 | Reptilien-Kreislauf – 2 | Materialgebundene AUFGABE |

Arbeitsmaterial:

Die Versorgung des Körpers mit gemischtem Blut ist bei Amphibien und Reptilien verbunden mit einer Einschränkung der Leistungsfähigkeit. Um diese gering zu halten, wird im Herzen von Amphibien und Reptilien durch unvollständige Zwischenwände und andere Leitstrukturen eine weitgehende Trennung von Lungen- und Körperkreislauf erreicht.

Andererseits kann aber die Verbindung zur Lunge beim Tauchen oder in Ruhe auch zeitweise geschlossen werden.

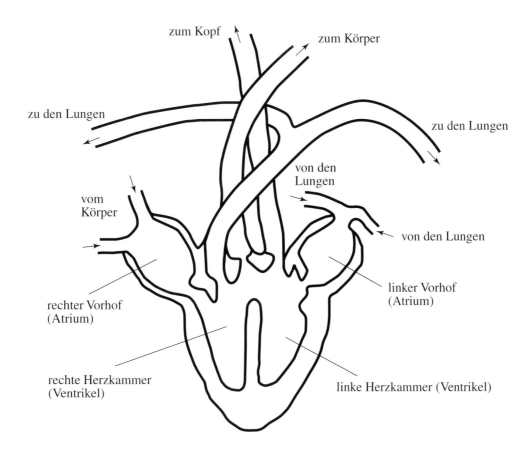

Abb.: Querschnitt durch das Herz eines Reptils (außer Krokodile)

Aufgaben:

a) Zeichne den Fluss der verschiedenen Blutsorten *sauerstoffreich* (rot), *gemischt* (unterschiedliche Lila-Farben) und *sauerstoffarm* (blau) in den Herzquerschnitt ein!
b) Beschreibe die unterschiedliche Blutversorgung der verschiedenen Körperteile!
c) Erläutere mit Blick auf die Sauerstoffversorgung, warum beim Tauchen oder in Ruhe die Lunge „abgeschaltet" werden kann!

III. UE: Reptilien

III./M 6	Kreislauf und Lebensweise	Materialgebundene AUFGABE

Arbeitsmaterial:

Schlangen leben in vielfältigen Lebensräumen, sie kommen an Land auf dem Boden und auf Bäumen vor, sie haben auch das Wasser als Lebensraum erobert. In diesen Lebensräumen stellt die Schwerkraft jeweils eine ganz unterschiedliche Belastung für den Kreislauf dar.

Das Material gibt Auskunft darüber, wie die ökologischen Gruppen die aus ihrer Lebensweise resultierenden „Kreislaufprobleme" gelöst haben.

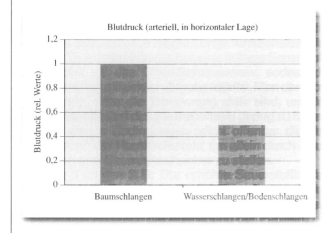

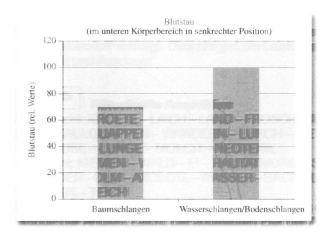

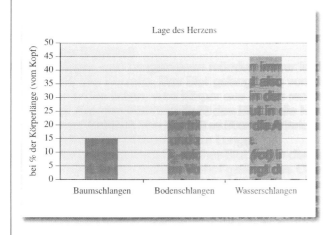

Weitere Informationen:

- Baumlebende Schlangen haben meist einen schlanken Körper, eine kräftige Muskulatur und eine straffe, feste Haut.
- Baumlebende Schlangen haben im Vergleich zu Landschlangen einen drei- bis zehnfach geringeren Körperdurchmesser.

Aufgabe:
Erläutere, wie Schlangen in Abhängigkeit von Lebensweise und Lebensraum ihre „Kreislaufprobleme" lösen!

III. UE: Reptilien

| III./M 7 | Eidechse – Fortbewegung | Materialgebundene AUFGABE |

Arbeitsmaterial:

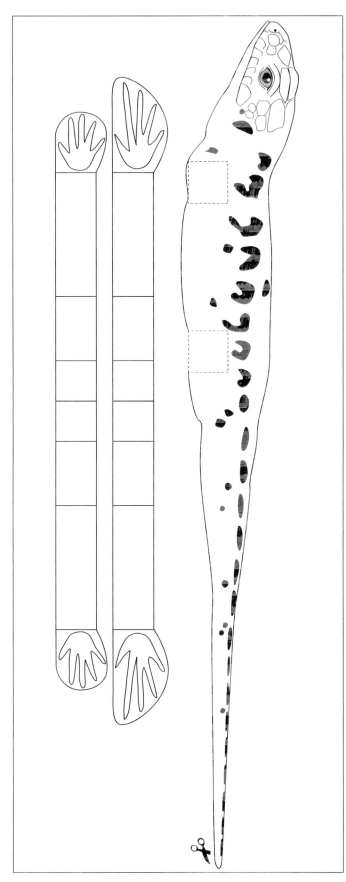

Aufgaben:

a) Suche in deinem Biologiebuch eine Abbildung, die eine Eidechse in Bewegung zeigt!
b) Schneide das Eidechsen-Modell aus und stecke die Beine mit Stecknadeln so fest, wie es die Abbildung zeigt!
c) Zeichne ein einfaches Strichschema für die Stellung der Beine in Beziehung zum Körper! Beschreibe, wo sich Vorder- und Hinterextremitäten befinden!
d) Wie hält eine Eidechse die Beine in Bezug auf den Körper? Bewege dich selbst auf allen Vieren wie eine Eidechse. Beschreibe die Belastung!
e) Mit welcher Beinstellung könnte man als Vierbeiner länger und leichter laufen?

III. UE: Reptilien

| III./M 8 | Schlangen – Fortbewegung 1 | Materialgebundene AUFGABE |

Arbeitsmaterial 1: Vorwärts kriechen

Schlangen, die sich an Land fortbewegen, benutzen dazu hauptsächlich die länglich gestalteten Bauchschuppen. Mit ihnen verkanten sie sich gegen Hindernisse des Bodens und schieben sich vorwärts. Gleichzeitige Wellen von Muskelkontraktionen auf beiden Seiten laufen über den Schlangenkörper, sodass einige Bereiche der Bauchseite auf dem Boden aufliegen und den Körper verankern, während die dazwischen liegenden Teile nachgezogen werden. So kriecht eine Schlange gerade vorwärts.

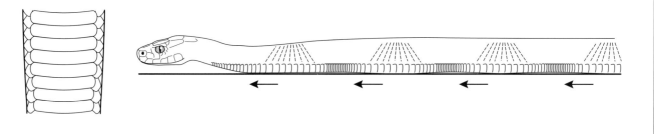

Aufgaben:

a) Erkläre, wie Schlangen mit einer leichten Abwandlung dieser Bewegungsabläufe klettern können!
b) Erkläre, warum die Bauchschuppen bei Wasserschlangen verkümmert oder nicht vorhanden sind!

Arbeitsmaterial 2: Schlängeln

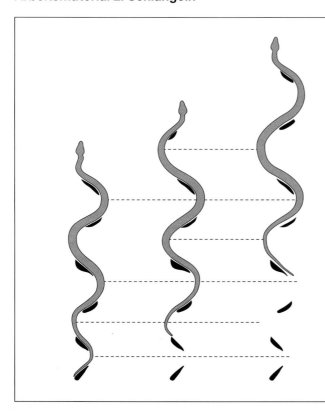

Bei der namengebenden Fortbewegungsart, dem Schlängeln, benutzen die Schlangen die Bauchschuppen sowie die Schuppen der unteren Flanken/Seiten.

Über den Körper laufen regelmäßige Kontraktionswellen der Muskeln, die die Haut mit den Rippen verbinden. Diese Kontraktionen sind auf den beiden Körperseiten zeitlich versetzt. Dadurch wird beim Schlängeln eine Seite verkürzt, die andere gedehnt.

Dabei nutzen die Schlangen kleine Unebenheiten oder Hindernisse des Bodens als Verankerungspunkte um den Körper vorwärts zu schieben.

Die Besonderheit bei dieser Fortbewegungsart ist, dass der gesamte Schlangenkörper demselben Weg folgt. Jede Muskelgruppe drückt gegen den gleichen Bodenwiderstand wie die vorhergehende.

Aufgaben:

a) Erläutere, wie das Schlängeln zu einer insgesamt vorwärts gerichteten Bewegung werden kann!
b) Begründe, weshalb Schlangen mit dieser Fortbewegungsart schwimmen können!

III. UE: Reptilien

| III./M 8 | Schlangen – Fortbewegung 2 | Materialgebundene AUFGABE |

Arbeitsmaterial 3: Seitenwinden

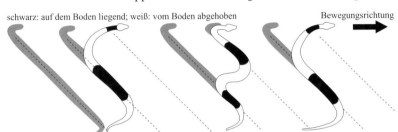

Bauch- und Flankenschuppen sind auch beteiligt, wenn sich Schlangen in instabilem Substrat wie Wüstensand bewegen. Sie zeigen dann eine sehr spezialisierte Form der Fortbewegung, das Seitenwinden. Diese Schlangen bewegen sich in eine Richtung, die in einem Winkel von rund 45° zur Körperachse versetzt ist. Seitenwinder-Schlangen findet man in den Wüstengebieten verschiedener Kontinente, beispielsweise in Amerika, in Nord-Afrika, im Mittleren Osten, in Süd-Afrika.

schwarz: auf dem Boden liegend; weiß: vom Boden abgehoben
Bewegungsrichtung

Aufgaben:

1. Beschreibe den Ablauf des Seitenwindens!
2. Die meisten, wenn nicht alle Schlangen, zeigen das Seitenwinden in gewissem Maße, wenn man sie auf einem losen, pulverartigen Untergrund aussetzt. Andererseits bewegen sich echte Seitenwinder-Schlangen wie alle anderen durch Schlängeln fort, wenn man sie auf einen festen Untergrund bringt!
Das Seitenwinden ist deshalb
   ○ a) eine ökologische Angepasstheit an lockeren Untergrund.
   ○ b) eine spezielle angeborene Eigenschaft einiger Schlangenarten.
Kreuze die richtige Aussage an!

Arbeitsmaterial 4: Rätselhafte Reptilien

Waagerecht:

1 Echse ohne Beine
4 bedecken den Körper von Reptilien
6 notwendig für das Wachstum bei Reptilien
9 Wissenschaft, die sich mit den Reptilien beschäftigt
10 modernste der heutigen Reptiliengruppen
11 Verhalten zum Aufwärmen des Körpers
12 Verhalten zur Sinneswahrnehmung bei Reptilien
13 Mittel zum Töten von Beutetieren bei einigen Reptilien
14 „Zeitalter der Reptilien" (Fachbegriff)

Senkrecht:

2 Gruppe heute lebender Reptilien
3 Gruppe der großen landlebenden Reptilien des Erdmittelalters
5 Fortbewegungsart bei Schlangen
7 Umweltbedingung, an die Reptilien angepasst sind
8 Art der Temperaturregulation bei Reptilien

(ä, ü, ö = ae, ue, oe)

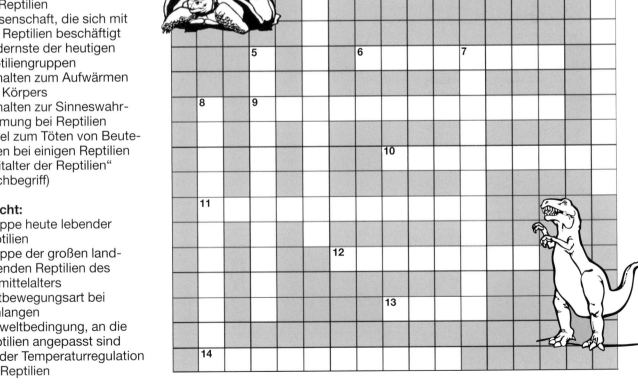

III. UE: Reptilien

| III./M 9 | Einheimische Schlangen | Materialgebundene AUFGABE |

Arbeitsmaterial:

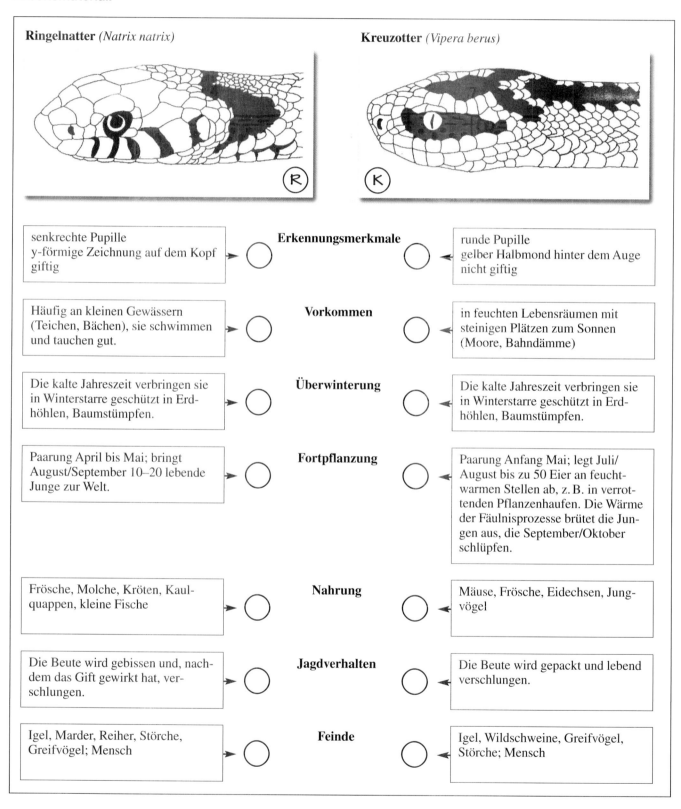

Aufgaben:

a) Trage in die Kreise jeweils ein R bzw. ein K für das Merkmal ein, das für die Ringelnatter (R) bzw. für die Kreuzotter (K) zutrifft!

b) Wodurch wird der Mensch zum „Feind" unserer einheimischen Schlangen?

III. UE: Reptilien

III./M 10	Die „modernen" Reptilien	Materialgebundene AUFGABE

Arbeitsmaterial:

Krokodile sind nahe Verwandte der Dinosaurier und der Vögel. Sie haben einige Merkmale mit diesen gemeinsam, man könnte sagen, Krokodile sind im Gegensatz zu Echsen und Schildkröten „moderne" Reptilien.

Viele Krokodile betreiben auch Brutfürsorge, indem das Weibchen die abgelegten Eier bewacht. Sie gleichen darin den Vögeln und den Dinosauriern. Auch der Transport zum Wasser im Maul gehört dazu. Lange Zeit wurde dieses Verhalten missgedeutet und man glaubte, die Krokodile fressen ihre eigenen Jungen. Heute weiß man, dass die Weibchen ihre Jungen sogar im Wasser noch einige Zeit bewachen, bis sie größer sind. Denn es besteht tatsächlich die Gefahr, dass die Jungtiere von ihren Artgenossen verspeist werden. Erst ab einer bestimmten Größe ist diese Gefahr vorüber: Die herangewachsenen Jungkrokodile passen nicht mehr ins Maul ihrer gierigen Art-Verwandten.

Auch die Embryonalentwicklung der Krokodile zeigt interessante Besonderheiten. Man kann nämlich feststellen, dass zunächst die Hinterbeine größer ausgebildet sind als die Vorderbeine. Dies lässt den Schluss zu, dass Krokodile von zweibeinigen Vorfahren abstammen – wie auch die Dinosaurier und Vögel!

Anders als bei den sonstigen Reptilien sind die rechte und die linke Herzkammer der Krokodile vollständig voneinander getrennt. Dadurch werden venöses und arterielles Blut im Herzen nicht mehr vermischt. Krokodile können deshalb an Land erstaunlich schnell laufen.

Hierzu trägt auch die besondere Stellung der Beine bei. Meist winkeln auch die Krokodile ihre Extremitäten waagerecht vom Körper ab. Oberarm bzw. Oberschenkel bilden dann mit dem Unterarm oder dem Unterschenkel einen ungefähr rechten Winkel. Den Körper auf diese Weise vom Boden abzuheben, kostet viel Kraft. Krokodile können die Gliedmaßen aber auch bis fast senkrecht unter den Körper heranziehen, ähnlich wie Dinosaurier, Vögel und auch Säugetiere.

Auf diese Weise lässt sich das Gewicht des Körpers viel besser abstützen und das Laufen fällt leichter.

Im Mundraum besitzen die Krokodile ein so genanntes „sekundäres" Gaumendach, wodurch ein Nasen- und ein Mundraum entstehen. Diese Trennung besitzen sonst nur noch die Säugetiere. Hierdurch ist es möglich, gleichzeitig zu atmen und zu fressen, weil der Atemweg über die Nase vom Mundraum getrennt ist. Krokodile können dadurch auch dicht unter der Wasseroberfläche lauern, sodass man nur ihre Nasenöffnungen sieht.

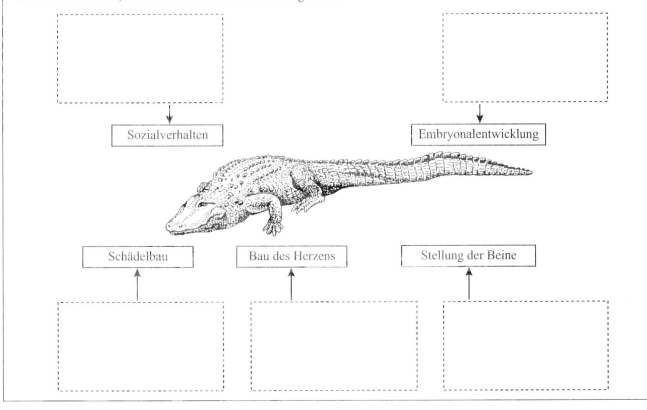

Aufgabe:

Lies den Text aufmerksam durch und trage als Schlagworte in die Abbildung ein, wodurch Krokodile „moderne" Reptilien sind!

III.2.3 Lösungshinweise

III./M 1 — Zauneidechse – ein typisches Reptil

a) Unterstreichungen: *sonnige Hänge und Böschungen, Steinbrüche und Kiesgruben oder verwilderte Flächen und grobe Steinmauern – Sonnenbäder – wechselwarmen Tiere – Winterstarre – Häutung – gräbt Mulden in den Boden – pergamentschalige Eier – allein durch die Wärme des Bodens entwickeln sich die jungen Eidechsen – zweizipflige Zunge – Züngeln.*

b) Die Haut. Sie besitzt Hornschuppen, die sie unelastisch machen, sodass sie zum Wachsen abgestreift werden muss (Häutung). Außerdem ist die Haut trocken, weshalb beim Sonnenbaden keine Gefahr besteht auszutrocknen.
Allerdings ist dadurch auch die Hautatmung unmöglich. Reptilien sind auf ihre höher entwickelten Lungen als Atmungsorgane angewiesen.

III./M 2 — Die Haut – Grenzschicht zur Umgebung

a) 1 – Oberhaut (Epidermis); 2 – Lederhaut (Dermis); 3 – Unterhaut (Subcutis); 4 – Hornschicht; 5 – Pigmentzelle; 6 – Hornschuppe

b) Die Haut eines Reptils besteht in der obersten Schicht aus Hornschuppen, die von der Epidermis gebildet werden. Es folgt die Lederhaut (Dermis) und anschließend die Unterhaut (Subcutis). Wichtig für die Angepasstheit an den jeweiligen Lebensraum ist die oberste, bei Reptilien stark verhornte Hautschicht (Epidermis). Sie zeigt eine Angepasstheit der Reptilien an warme und trockene Lebensräume, denn die verhornte Epidermis verhindert die Wasserabgabe und damit das Austrocknen des Körpers in heißer Umgebung. Andererseits ist damit aber auch eine Hautatmung wie bei Amphibien ausgeschlossen.

c) Die Schuppe der Reptilienhaut ist eine Bildung der Epidermis, deren Hornschicht an manchen Stellen stark verdickt ist, an den Überlappungsstellen aber dünner, sodass die Schuppen dachziegelartig übereinander liegen, die Haut aber dehnungsfähig bleibt. Die Schuppen der Fische sind knöcherne Bildungen der Lederhaut (Dermis). Diese Knochenschuppen sind von einer drüsenreichen Epidermis überzogen. Deshalb sind Fische auf der Körperoberfläche glitschig und Reptilien trocken.

III./M 3 — Temperatur-Regulation

a) A – 4; B – 3; C – 2; D – 1.

b) Ablauf im Tagesgang:
B–3: Ist die Lufttemperatur noch gering und die Sonneneinstrahlung schwach bzw. sehr flach, positioniert sich die Eidechse seitlich zur Sonnenstrahlung, um eine große Fläche zur Wärmeaufnahme zu bieten. Der Untergrund (Steine) ist noch nicht besonders aufgeheizt.
A–4: Steigt die Sonne und die Einstrahlung wird steiler, nimmt auch die Lufttemperatur zu. Die Körpertemperatur ist inzwischen angestiegen. Der Untergrund hat sich aufgeheizt, sodass sie eine weniger heiße und exponierte Stelle wählt.
D–1: Der Aufheizungsprozess setzt sich fort. Die Eidechse verringert die wärmeaufnehmende Fläche, indem sie sich längst zur Sonne stellt.

C–2: Steht die Sonne schließlich senkrecht am Himmel und hat sich die Lufttemperatur stark aufgeheizt, verkriecht sich die Eidechse unter einem Stein. Durch dieses Verhalten gelingt es der Eidechse, ihre Körpertemperatur relativ konstant im Bereich von 30 bis 40 °C zu halten.

III./M 4 — Reptilienkreislauf – 1

a)

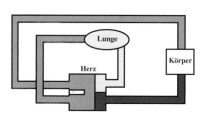

b) Der größte Teil des Herzens, der Bereich der beiden Herzkammern (Ventrikel), ist mit gemischtem Blut gefüllt.

c) Nein. Ein Herzinfarkt entsteht durch die Verstopfung eines Herzkranzgefäßes. Als Folge wird ein Teil des Herzmuskels nicht mit Sauerstoff versorgt und stirbt ab. Reptilien besitzen keine Herzkranzgefäße. Also können sie keinen Herzinfarkt bekommen.

III./M 5 — Reptilienkreislauf – 2

a)

b) Durch die Lage der ableitenden Gefäße und innere Leitstrukturen des Herzens gelangt zu den Lungen im Wesentlichen sauerstoffarmes Blut. Der Körper wird mit stark gemischtem Blut versorgt, während der Kopf mit dem Gehirn stärker sauerstoffreiches Blut bekommt.

c) Beim Tauchen ist die Lunge funktionslos. Der geringe Gehalt an Sauerstoff, der im Blut, das zum Herzen zurückfließt, noch enthalten ist, kann jetzt dem Körper sofort wieder zugeführt werden. Wenn im Ruhezustand nicht viel Sauerstoff verbraucht wird, ist das zurückfließende venöse Blut noch relativ sauerstoffreich. Es kann wenigstens vorübergehend auf die Anreicherung durch neues, sauerstoffreiches Blut verzichtet werden.

III./M 6 — Kreislauf und Lebensweise

a) Das Material zeigt, dass baumlebende Schlangen einen doppelt so hohen Blutdruck haben wie Wasser- oder Landschlangen. Außerdem ist bei ihnen der Blutstau im unteren Körperbereich um rund ein Drittel geringer. Hierfür sind der schlanke Körper und die kräftige Muskulatur verantwortlich, die wie ein „Stützstrumpf" wirkt. Baumschlangen bewegen sich häufig senkrecht im Geäst. In dieser Haltung wird das Blut durch die Schwerkraft nach unten gedrückt. Hierdurch wird ein Blutstau im unteren Körperbereich gefördert.

Dem wirken die straffe Muskulatur und die feste Haut entgegen. Auch kann der schlanke Körper nicht viel Flüssigkeit speichern. Der relativ hohe Blutdruck ermöglicht auch in senkrechter Position die Versorgung des Gehirns. Diesem Zweck dient auch die Verlagerung des Herzens nach vorne. Das Herz liegt bei Wasserschlangen nahezu mittig, bei Landschlangen rund ein Viertel der Körperlänge vom Kopf entfernt. Landschlangen befinden sich normalerweise in horizontaler Lage, sodass die Schwerkraft keine so starke Auswirkung hat. Bei Wasserschlangen ist die Wirkung der Schwerkraft praktisch aufgehoben. So kann das mittig liegende Herz beide Körperteile bei geringerem arteriellem Blutdruck gleichmäßig versorgen. Bei Wasser- und Landschlangen ist der Blutstau in senkrechter, also untypischer Haltung aufgrund des größeren Körperdurchmessers und der schwächeren Muskulatur recht groß.

III./M 7 Eidechse – Fortbewegung

a), b) Eine richtige Lösung muss die Wirbelsäule gebogen („geschlängelt") darstellen und die Überkreuzkoordination von Vorder- und Hinterbeinen berücksichtigen.
c) Die Schüler sollen den Kraftaufwand spüren, der für das Abstützen vom Boden nötig ist. Mit durchgedrückten Armen und Beinen, die dicht(er) unter den Körper gezogen werden, wäre länger und leichter zu laufen.
d) Eine Eidechse streckt die Beine horizontal vom Körper ab und setzt sie dann um 90° angewinkelt auf. Den Körper mit abgewinkelten Beinen vom Boden abzuheben erfordert viel Kraft. Leichter zu laufen wäre, wenn die Beine gerade unter den Körper gezogen würden.

III./M 8 Schlangen – Fortbewegung

Material 1
1) Die Schlangen können einen Teil des Körpers vorschieben bzw. aufrichten, um einen Ast zu erreichen. Mit den aufgestellten Bauchschuppen können sich die Schlangen daran abstützen und den restlichen Körper nachziehen.
2) Wasserschlangen schwimmen durch seitliches Schlängeln.

Material 2
1) Durch die seitlich-rückwärts gerichtete Kraft, die auf die am Boden sichtbaren Stellen (Widerlager) wirkt, wird eine Teilkraft in Vorwärtsrichtung erzeugt.

2) Die Konsistenz des Wassers reicht aus, um ein Widerlager für den Vortrieb zu bilden. Man vergleiche die menschliche Schwimmbewegung.

Material 3
1) Die Schlange hebt den Kopf und führt ihn vorwärts in Richtung der Bewegung. Dort legt sie den Kopf auf den Boden auf und führt den Körper abgewinkelt zur Bewegungsrichtung vom Kopf zum Schwanz nach. Wenn ungefähr die Hälfte des Körpers überführt ist, hebt die Schlange den Kopf erneut und setzt ihn weiter vorwärts in Bewegungsrichtung auf, worauf sie wiederum den Körper nachführt usw.
2) a) eine ökologische Angepasstheit an lockeren Untergrund.

Material 4 Lösung
Waagerecht: 1 Blindschleiche; 4 Hornschuppen; 6 Häutung; 9 Herpetologie; 10 Krokodile; 11 Sonnenbaden; 12 Züngeln; 13 Gift; 14 Mesozoikum
Senkrecht: 2 Schildkröten; 3 Dinosaurier; 5 Schlängeln; 7 Trockenheit; 8 wechselwarm

III./M 9 Einheimische Schlangen

a) Angaben für jede Alternative in der Reihenfolge links – rechts: Erkennungsmerkmale: K–R; Vorkommen: R–K; Überwinterung: R–K (oder umgekehrt); Fortpflanzung: K–R; Nahrung: R–K; Jagdverhalten: K–R; Feinde: R–K.
b) Die Veränderungen der Landschaft, beispielsweise die Trockenlegung von Teichen, Begradigung von Bächen und Flüssen, führen zum Verlust von Habitaten für die Ringelnatter. Andere landwirtschaftliche Maßnahmen tragen indirekt durch Nahrungsverknappung zur Gefährdung der Bestände bei. Hinzu kommen Verschmutzungen der Umwelt. Dies gilt entsprechend auch für die Kreuzotter, bei der als Giftschlange noch die gezielte Ausrottung durch den Menschen hinzu kommt.

III./M 10 Die „modernen" Reptilien

Sozialverhalten: entwickelte Brutfürsorge; Embryonalentwicklung: zweibeinige Vorfahren; Schädelbau: sekundärer Gaumen: gleichzeitig atmen und fressen; Bau des Herzens: vollständige Trennung der Herzkammern; Stellung der Beine: fast senkrechte Stellung unter dem Körper möglich.

III.3 Medieninformationen

III.3.1 Audiovisuelle Medien

VHS-Videokassette 4257091: Amphibien und Reptilien, 25 Min.
Was versteht man unter Metamorphose? – Wie groß können Reptilien werden? – Wie giftig sind Schlangen? – Wie bewegen sich Schlangen fort? – Warum quaken Frösche? – Wie trinken Frösche? – Wie eroberten die Amphibien das Land? – Wie entwickelten sich Amphibien und Reptilien? – Was fressen Amphibien und Reptilien? – Woran erkennt man Reptilien? – Wie jagen Amphibien und Reptilien?

FWU-VHS-Video 4210378: Die Blindschleiche, 15 Min.
Nicht selten wird die Blindschleiche für eine Schlange gehalten. Ihr langgestreckter Körper und die fehlenden Gliedmaßen verleiten wohl zu diesem Irrtum. Die Lebensweise, der Nahrungserwerb und vor allem das Fortpflanzungsverhalten dieser lebendgebärenden einheimischen Echsenart stehen im Vordergrund des Films.

III. UE: Reptilien

FWU-VHS-Video 4210365: Die Kreuzotter, 15 Min., f
Die Kreuzotter gehört zu den wenigen Giftschlangen Europas. Durch einen gezielten Giftbiss tötet sie ihre Beute und verschlingt sie als Ganzes. Neben Beutefang, Fortbewegung und Körperbau wird im Film vor allem das Fortpflanzungsverhalten der lebendgebärenden Kreuzotter gezeigt.

FWU-Film 3247035 und **DVD/CD 4640485:** Die Kreuzotter – dem Leben am Boden angepasst, 16 Min., f, 1993
Kreuzottern sind in der Natur nur schwer zu finden. Der Film stellt sie in ihrem Lebensraum vor. Eindrucksvolle Naturaufnahmen zeigen Aussehen und Lebensweise der Kreuzotter – typische Erkennungsmerkmale, Ritualkämpfe, Fortbewegungsarten, Häutung, Paarung, Geburt der Jungen, Beutefang (Schlingakt im Trick). Der Film veranschaulicht die Anpassungen dieser heimischen Schlange an ihren besonderen Lebensraum (Biotop). Kreuzotter und Ringelnatter werden in ihrem Aussehen verglichen.

VHS-Videokassette 4201696: Das Nilkrokodil, 18 Min., f, D
Die Beziehung zwischen Mensch und Krokodil war stets zwiespältig. Einerseits hat man es als heiliges Tier verehrt, andererseits wurden Krokodile – seit ihre Haut als Modeartikel sehr begehrt ist – rücksichtslos gejagt und vermarktet. Daneben führt die zunehmende Besiedelung und landwirtschaftliche Nutzung ihres Lebensraumes zur weitgehenden Verdrängung der Tiere in nur wenige Schutzgebiete. Seit 1973 stehen Krokodile auf der Roten Liste der vom Aussterben bedrohten Tierarten. Der Film zeigt die Besonderheiten der Biologie der Nilkrokodile – vor allem des Brutpflegeverhaltens -, Ursachen der Bedrohung sowie deren Zucht in riesigen Krokodilfarmen.

VHS-Video 4258150 und **DVD 4640938:** Reptilien, 19/17 Min., f, 2004/2005
Lange Zeit beherrschten riesige Dinosaurier und andere Reptilien unsere Erde – die heute vorkommenden Reptilienarten sind deutlich kleiner und harmloser. Das Video beschreibt zunächst die stammesgeschichtliche Entwicklung der Reptilien und stellt anschließend zahlreiche heute lebende Vertreter aus den vier wichtigsten Gruppen der Reptilien vor: Echsen, Schlangen, Schildkröten und Krokodile. Der Film beschreibt mithilfe bestechender Aufnahmen die gemeinsamen Merkmale der Reptilien – zeigt aber auch erstaunliche Besonderheiten einzelner Arten.

DVD/CD 4602298: Reptilien, 61 Min., f, D, 2004
Mit Nattern, Ottern, Schleichen und Echsen entführt diese didaktische DVD in die faszinierende Welt der einheimischen Reptilien. Filmsequenzen, Bilder, Grafiken und Arbeitsblätter ermöglichen den variablen didaktischen Zugang zu Formenvielfalt. Körperbau, Fortpflanzung, Verhalten und Ökologie dieser zum Teil recht urtümlichen Geschöpfe. Ausblicke in die Artenvielfalt der Reptilien anderer Kontinente vervollständigen die DVD.

VHS-Videokassette 4253852: Reptilien – Geheimnisvolle Welt, 35 Min.
„Geheimnisvolle Welt" führt Sie durch das atemberaubende Land der geheimnisvollen Reptilien. Finden Sie heraus, was es heißt „kaltblütig" zu sein, wie Reptilien immer den richtigen Weg finden, was sie fressen und wie und warum sie ihr Fortpflanzungssystem zu den widerstandsfähigsten Tieren der Welt macht. Sie werden die Wahrheit hinter vielen Monster- und Drachengeschichten entdecken, wenn Sie die gigantischen Salzwasser-Krokodile, die nach Alligatoren schnappende Schildkröte und die gewaltigen Echsen von Komodo treffen. Erfahren Sie, warum die Meeresschildkröte ein zweifacher Rekordhalter ist. Es gibt mehr als 6500 verschiedene Reptilien – „Geheimnisvolle Welt" zeigt Ihnen, dass diese Spezies fremdartiger und aufregender sind als jede Fiktion.

VHS-Videokassette 4259054: Reptilien und Amphibien, National Geographic Video, 60 Min.
Vor mehr als 350 Millionen Jahren entwickelte sich eine neue Lebensform aus dem Wasser – die erste Amphibie. Heute sind ihre ungewöhnlichen Nachkommen auf allen Kontinenten zu finden. Begleiten Sie National Geographic auf der Suche nach exotischen Reptilien wie dem Komodo Waran, behäbigen Riesenschildkröten, giftigen Wasserschlangen und angriffslustigen Krokodilen, die sich seit dem Zeitalter der Dinosaurier kaum verändert haben. Auf der Suche nach dem Bindeglied der Evolution beschäftigt sich National Geographic in REPTILIEN UND AMPHIBIEN mit den Lebewesen, die den Menschen lange Zeit gleichzeitig fasziniert und in Schrecken versetzt haben.

CD-ROM 6640292: Reptilien – WUNDER der Natur, D
Wissenswertes zur Anatomie und Fortpflanzung der Reptilien, zu ihrer Entwicklungsgeschichte und Verbreitung, zur Nahrungssuche und Brutpflege. Umfassender Überblick über die Reptilienart, von der riesigen Lederschildkröte bis zum farbenprächtigen Baumgecko, vom Krokodil bis zur Königskobra. Zahlreiche exklusiv erstellte Videosequenzen (30 Min.), einzigartige Farbfotografien und erläuternde Animationen, eine Vielzahl von extra erstellten Illustrationen und Hunderte von Textseiten.

FWU-VHS-Video 4200236: Die Ringelnatter, 18 Min.
Die Ringelnatter wird in ihrem Aussehen, in Bewegung, beim Beuteerwerb und der Nahrungsaufnahme gezeigt. Vorgänge wie Paarung, Eiablage, Schlüpfen der Jungen und Häutung können verfolgt werden. Zuletzt sieht man den Mäusebussard als Hauptfeind und das Winterquartier des Reptils.

FWU-VHS-Video 4201983: Schildkröten, 14 Min., f
Schildkröten sind eine stammesgeschichtlich sehr alte Reptiliengruppe. Am Beispiel verschiedener Land- und Wasserschildkröten werden die Anpassungen an den jeweiligen Lebensraum, die Fortpflanzung und die Lebensweise dieser Tiere dargestellt.

FWU-VHS-Video 4200237: Die Zauneidechse, 15 Min., f
Der Film stellt den natürlichen Lebensraum der Eidechsen und deren Lebensphasen mit Stoffwechselaktivität, Häutung und Winterstarre dar. Weiterhin sind zu beobachten: Paarung, Eiablage, das Schlüpfen der Jungen sowie Drohverhalten im Revier, Kommentkampf und Balz.

III.3.2 Zeitschriften

Brainerd, Elizabeth: Efficient fish not faint-hearted, in: Nature Nr. 389, 1997, S. 229f

Dannefelser, Birgit/Leder, Klaus: Amphibien wehren sich (mit) ihrer Haut, in: UB Nr. 242, 1999, S. 38–44
Ganz so wehrlos, wie Amphibien auf den ersten Blick zu sein scheinen, sind sie nicht. Sie haben vor allem verschiedene Strategien passiver Verteidigung entwickelt. Die SuS lernen verschiedene Abwehrmaßnahmen kenne, darunter auch die Ausscheidung von Hautgiften. Am Beispiel des Goldbaumsteigers und des Giftstoffs Batrachotoxin erarbeiten die SchülerInnen, wie Frösche zu ihren Hautgiften kommen und welche Wirkung die Toxine haben können.

Harwardt, Maria: „Low Tech" kontra „Upper Class"?, in: UB Nr. 218, 1996, S. 25f
Die Entwicklung der Organsysteme gleich- und wechselwarmer Wirbeltiere ist die Geschichte ihrer Anpassung an verschiedene Lebensweisen. Die SuS erarbeiten an Tierbeispielen, inwieweit sich deren Lebensweise und Aktivitätsrhythmen unterscheiden, und ordnen sie den Gruppen der Wechselwarmen und Gleichwarmen zu. Anschließend setzen sie Energiebedarf und -nutzung in Beziehung zu den jeweiligen Bauplänen der Organe und den Lebensweisen der Tiere.

Hedewig, Roland: Vielfalt der Reptilien, in: UB Nr. 296, 2004, S. 4–13 (Basisartikel)
Mit den Reptilien vollzog sich in der Evolution der Übergang vom Land- zum Wasserleben. Prominente Vertreter der Reptilien sind die längst ausgestorbenen Dinosaurier und die rezenten Schlangen. Nur bei den beinlosen Schlangen trifft die Bezeichnung „Kriechtiere" zu; die anderen Reptilien erheben sich auf vier Beine über den Boden. Der Artikel gibt einen Überblick über weitere morphologische, physiologische und ethologische Eigenheiten der Tiergruppe.

Kruse, Hauke: Alles Schlangen?, in: UB Nr. 218, 1996, S. 32–35
Kreuzotter, Ringelnatter und Blindschleiche haben zwar alle drei einen beinlosen, langgestreckten Körper, zu den Schlangen gehören aber nur Kreuzotter und Ringelnatter. Die SuS sammeln zunächst die Indizien, die die beiden Arten als Reptilien ausweisen, und unterscheiden dann innerhalb der Gruppe der Reptilien Schlangen von den Eidechsen. Anschließend erarbeiten sie, aufgrund welcher Merkmale viele Menschen Blindschleichen mit Schlangen verwechseln und welche Kennzeichen dieser Art als Eidechse ausweisen.

Looß, Maike: Kühler Kopf und heiße Füße. Thermoregulation bei Wüstenechsen, in: UB Nr. 266, 2001, S. 26, 31–34
Reptilien gehören zu den ektothermen Lebewesen, deren Körpertemperatur vor allem von der Umgebungstemperatur abhängt. Am Beispiel von Wüstenechsen erfahren die SuS, dass wechselwarme Tiere durchaus in der Lage sind, ihre Körpertemperatur bei schwankender Außentemperatur innerhalb weniger Grade konstant zu halten. Um den Wasser- und Elektrolythaushalt zu regulieren, haben Wüstenechsen besondere Mechanismen entwickelt.

Rothfuchs, Gerd: Schlangen häuten sich, in: UB Nr. 166, 1991, S. 28–30
Weil ihre Haut das Körperwachstum nicht mitmacht, müssen sich Schlangen in regelmäßigen Intervallen häuten. Die SuS untersuchen und skizzieren Unter- und Oberseite eines so genannten Natternhemds und schließen von seiner Länge auf die Länge der gehäuteten Schlange. Aussehen und Anordnung der Schuppen geben Hinweise auf die jeweilige Schlangenart.

Ruppert, Wolfgang: Struktur und Funktion, in: UB Nr. 232, 1998, S. 6
Die Auswirkungen der Schwerkraft auf den Blutkreislauf der Schlagen werden in einem Informationskasten dieses Basisartikels dargestellt.

Stoltz, M./Wilhelm, K.: Echsen: Laufen in „Liegestützstellung", in: PdN-BioS Nr. 3, 1998, S. 9–19
Fast alle der heute lebenden Echsen haben einen Körperbau ähnlich der Eidechse. Jedoch eignen sich Eidechsen wegen ihrer geringen Körpergröße und den schnellen Beinbewegungen nicht so gut zum Studium der Fortbewegung wie größere Echsen. Deshalb werden im vorliegenden Beitrag Warane als „Modellechsen" herangezogen, deren Fortbewegung in Film- und Videoaufzeichnungen leicht demonstriert werden kann. In Arbeitsblätter und Folienvorlagen werden funktionsmorphologische Betrachtungsweisen angewandt, d. h. bei Strukturen und Bewegungsabfolgen werden zugrunde liegende biomechanische Prinzipien aufgezeigt.

III.3.3 Bücher

Mattison, Chris: Snakes of the World, Blanford Press, Dorset 1986